U0948497

Relativity

相对论

[美] 爱因斯坦◎著　麦　芒◎译

天津出版传媒集团
天津人民出版社

图书在版编目（CIP）数据

相对论 / (美) 爱因斯坦著；麦芒译. -- 天津：天津人民出版社, 2018.1（2020.4重印）
ISBN 978-7-201-12700-2

Ⅰ. ①相… Ⅱ. ①爱… ②麦… Ⅲ. ①相对论 Ⅳ. ①O412.1

中国版本图书馆CIP数据核字(2017)第292416号

相对论

XIANG DUI LUN

出　　版　天津人民出版社
出 版 人　黄　沛
地　　址　天津市和平区西康路35号康岳大厦
邮政编码　300051
邮购电话　（022）23332469
网　　址　http: //www.tjrmcbs.com
电子信箱　tjrmcbs@126.com
责任编辑　刘子伯
印　　刷　北京欣睿虹彩印刷有限公司
经　　销　新华书店
开　　本　880×1230　1/32
印　　张　6
字　　数　138 千字
版次印次　2018年1月第1版　2020年4月第3次印刷
定　　价　28.00元

前言

阿尔伯特·爱因斯坦（1879—1955），是著名的德国犹太裔理论物理学家、思想家及哲学家。因为“对理论物理的贡献，特别是发现了光电效应”而获得1921年诺贝尔物理学奖，现代物理学的开创者、奠基人，相对论——“质能关系”的创立者，“决定论量子力学诠释”的捍卫者（振动的粒子）——不掷骰子的上帝。他创立了代表现代科学的相对论，为核能开发奠定了理论基础，在现代科学技术和他的深刻影响下与广泛应用等方面开创了现代科学新纪元，被公认为是自伽利略、牛顿以来世界最伟大的科学家、物理学家。1999年，被美国《时代周刊》评选为“世纪伟人”。

1879年，爱因斯坦生于德国乌尔姆一个经营电器作坊的小业主家庭。一年后，随全家迁居慕尼黑。父亲和叔父在那里办一个为电站和照明系统生产电机、弧光灯和电工仪表的电器工厂。在任工程师的叔父等人的影响下，爱因斯坦较早地受到科学和哲学的启蒙，为以后的科学研究工作打下了很好的基础。1900年爱因斯坦毕业于瑞士苏黎世联邦工业大学并入瑞士籍。1905年获苏黎世大学博士学位。1909年任苏黎世大学理论物理学副教授，1911年任布拉格大学教授。1913年任德国威廉皇家物理研究所所长、柏林大学教授，并当选为普鲁士科学院院士。1932年受希特勒迫害离开德国，1933年10月到美国定居，在普林斯顿大学任教，直到去世。

爱因斯坦早期的科学生涯从1900年开始，他把伽利略力学运动的相对性原理扩展开来，使之包括所有物理定律，又把观测和实验得来的光速不变提升为公理。通过洛伦兹变换，他推导出了任何物体的运动速度不能超过光速。自然现象与运动学方面显示出统一性，这就是“狭义相对论”。1905年9月，爱因斯坦在德国《物理学年鉴》发表了论文《论动体的电动力学》，这是一篇关于狭义相对论的第一篇文章。1912年，爱因斯坦又发表了另一篇论文，探讨如何将重力场用几何的语言来描述。至此，广义相对论的运动学出现了。到了1915年，爱因斯坦引力场方程发表了出来，整个广义相对论的动力学才终于完成。

1916年，爱因斯坦发表了《广义相对论的基础》，这标志着广义相对论的诞生。他发现，现实的有物质存在的空间，不是平坦的欧几里得空间，而是弯曲的黎曼空间，空间的弯曲程度取决于物质的质量及其分布状况，空间曲率就体现为引力场的强度。这就否定了牛顿的绝对时空观。广义相对论实质上是一种引力理论，它把几何学与物理学统一起来，用空间的几何性质来表述引力场。爱因斯坦提供了三个可供试验验证的推论：第一是水星近日点的进动，这在当时就得到完满解决。第二，在强引力场中，时钟要走得慢些，因此从巨大质量的星体表面射到地球上的光的谱线，必定显得要向光谱的红端移动（在1925年得到验证）。第三，光线在引力场中的偏转（在第一次世界大战结束后对日全食的观测中得到了验证）。正因为如此，广义相对论顷刻间闻名于世，并颠覆了牛顿的经典力学，开辟了现代理论力学的新纪元。

目录 Contents

第一部分　狭义相对论

第二部分　广义相对论

第三部分　对整个宇宙的思考

第一部分　狭义相对论

一、几何命[1]题的物理意义

欧几里得几何学的宏伟大厦，是阅读该书的大多数读者在学生时代就很熟悉的，在这建筑的高高的楼梯上，认真的教师逼迫你们花了不知多少时间。对这座宏伟的大厦，你们的敬畏之心或许会多于热爱之心。凭着往昔的经验，如果有人说这门科学中的命题，哪怕是最冷僻的都是不真实的，你们一定会嗤之以鼻。但是，如果有人问："既然这些命题是真实的，那么你们究竟是如何理解的呢？"或许你们的这种理所当然的骄傲态度就会马上消失。现在，让我们来考虑一下这个问题。

"平面""点"和"直线"之类的概念引出了几何学，在大体上我们有确定的观念和几何学的一些简单的命题（公理）相联系，在这些观念的影响下，我们倾向于把简单的命题当作"真理"接受下来。然后以我们认为的合乎逻辑的方法，即用我们不得不认为是

① 命题：命题是一个非真即假（不可兼）的陈述句。一个命题具有两种可能的取值（又称真值）：为真或为假，且只能取其一。通常用大写字母T表示真值为真，用F表示真值为假有时也可分别用1和0表示它们。因为只有两种取值，所以这样的命题逻辑称为二值逻辑。

正当的逻辑推理过程，阐明其余的命题是公理的推论，也就是说这些命题已得到证明。于是，只要从公理中推导出的一个命题用的是公认的方法，那么这个命题就是正确的（“真实的”）。这样，各个几何命题是否“真实”就归结为公理是否“真实”。可是上述最后一个问题本身完全就没有意义，而且用几何学的方法无法解答。我们难道要问“过两点只有一条直线”是否真实吗？这当然不能。我们只能说，几何学研究的是称之为“直线”的东西，它说明每一直线唯一确定的性质是由该直线上的两点来确定。“真实”这一概念有由该直线上的两点来唯一确定的性质。与纯几何的论点不相符的是，“真实”在习惯上是指与一个“实在的”客体相当的意思；然而无论如何，几何学并不涉及其中所包含的观念与经验客体之间的关系，而只是涉及这些观念本身之间的逻辑联系。

不难理解，我们不得不将这些几何命题称为“真理”。几何观念与自然界中具有正确形状的客体相对应，而具有正确形状的客体无疑是产生那些观念的唯一原因。几何学应制止这一过程，以便使它的结构获得最大的逻辑一致性。例如，在我们的思想习惯中，通过一个可视为固定的物体上的两点来查看“距离”的办法是根深蒂固的。我们在观察三个点位于一条直线时，如果适当地选择观察位置，用一只眼睛观测，使三个点的视位置[①]能够相互重合，我们也认为这三点位于同一直线。

如果依照我们的思考习惯，我们可以在欧几里得几何学中补充如下命题：在一个可视为固定的物体上的两个点永远对应于同一距

① 视位置：在天文学上，指某一观测时刻相对于真春分点和真赤道的实际看到的天体位置。它是改正经过大气折射后天体的位置。

离（直线间隔），而与该物体的位置发生的任何变化无关，那么，欧几里得几何学的命题就可以归结为关于在所有固定物体的所有相对位置的命题。如此一来，几何学就可以看作是物理学的一个分支。现在，几何命题是否是“真理”的问题，我们能够提出合理的解释。我们有理由问，对于与几何观念相联系的那些真实的东西，这些命题是否已被满足。用精确的术语来表达，也可以这样说：我们把具有此种意义的几何命题的“真实性”理解为该几何命题对于用圆规和直尺作图的有效性。

当然，以此断定几何命题的“真实性”，其基础是不大完整的经验。但我们目前暂且认定这种“真实性”。然后在后一阶段将会看到，这种“真实性”是有限的，那时再来讨论这种有限性的范围。

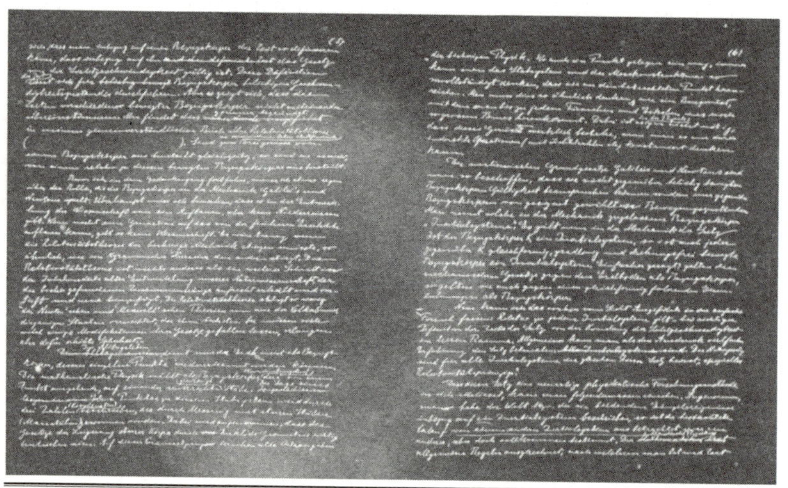

爱因斯坦手稿　摄影

爱因斯坦是20世纪伟大的科学家，他于1905年发表的《论动体的电动力学》是相对论诞生的标志。这篇文章是20世纪最伟大的论文。爱因斯坦在这篇论文中提出的狭义相对论，在很大程度上解决了19世纪末出现的经典物理学的危机，推动了整个物理学理论的革命。图为爱因斯坦的研究手稿。

——译者注

二、坐标系

根据对距离的物理解释，我们能够用测量[a]法确立一固体上两点间的距离。为达到这个目的，我们用“距离”（杆S）作为标准量度。如果A和B是一固体上的两点，按照几何学的规则，我们可以作一直线连接两点，然后以A为起点，直到到达B点为止，其间多次反复记取从A点到B点间的测量距离S。所需记取的S的次数相加就是AB距离的数值量度，这是一切长度测量的基础。

不仅在科学方面，而且对于日常生活来说，描述一切事件发生的地点或任一物体在空间中的位置的基础，都是参考在一固定物体上确定该事件或该物体的相重合点为根据的。比如“泰晤士广场”在空间中的位置。地球是能够参照的固体，“泰晤士广场”是地球上已明确规定的一点，现在所考虑的则是在空间上与“泰晤士广场”相重合的点。

这种标记位置的原始方法有两个限制：其一，它只适用于固

① 测量：一般指用仪表测定各种物理量的工作。在机械制造中，常指用量具或仪器来测定零件（或装配在一起的部件和机器）的尺寸、角度、几何形状或表面相互位置等一系列工作的总称。

体表面上的位置；其二，当固体表面不存在能够相互区分的点时，该方法便不适用。但在不改变位置标志的本质时，这两种限制是能摆脱的。例如有一朵白云飘浮在时代广场上空，我们可以在广场上垂直竖起一根长竿直抵白云，以此来确定白云相对于地球表面的位置，用标准量杆测量长竿的长度，结合长竿的位置标记，就能获得这朵白云的完整的位置标记。通过上述例子，我们能够看出关于位置的概念是如何改进发展的。

（a）我们设想将确定位置所参照的固体加以补充，补充后的固体延伸到我们需要确定其位置的物体。

（b）在确定物体的位置时，我们使用量杆量出来的长竿长度，而非选定的参考点。

（c）即使未曾把直抵云端的长竿竖立起来，根据光学方法对云朵进行观测及考虑到光的传播特性，我们同样可以讲出白云的高度，并且能够确定升上云端的长竿的长度。

通过以上论述，我们看到了有利的一面，即如何在描述位置时，依靠数值量度，而不是固定参考物上存在的标定的位置，那就会比较方便。在物理测量中应用笛卡儿坐标系能达到此目的。

这个坐标系由三个与一固体牢固地连接起来的相互垂直的平面组成。在一个坐标系中，任何事件发生的地点（主要部分）由事件发生点向该三个平面所作垂线的长度或坐标（x，y，z）来确定，这三条垂线的长度可以按几何学确立的规则和方法，用刚性测量杆经过一系列操作来确定。

从习惯来看，构成坐标系的刚性平面一般是不大用的；此外，坐标的构成不是由刚杆结构确定，而是用间接法确定的。如果物理学和天文学要保持其清楚明确的结果，就必须以上述考虑来寻求位置标示的物理意义。

我们因而得到下面的结果：在空间中，对事件位置的每一种描述都必须围绕所参照的刚体①展开。所得出的关系以假定欧几里得几何学的定理适用于“距离”为依据；而一刚体上的两个标记是“距离”在物理上的习惯表示。

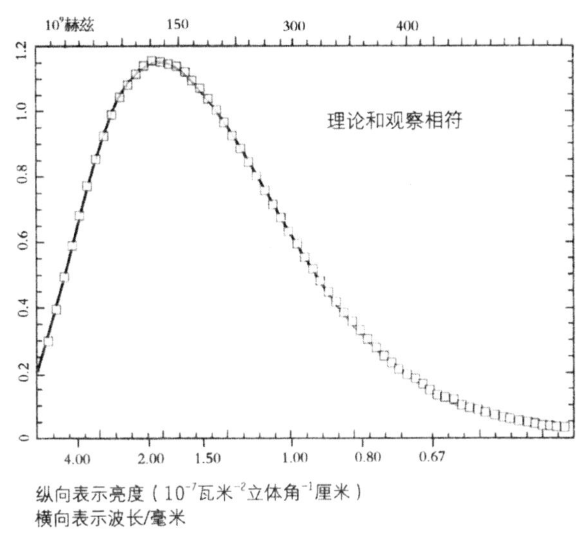

微波背景谱的测量　示意图

宇宙微波背景谱，是典型的热体辐射谱。为了使辐射处于平衡状态，物质必须将它多次散射。

——译者注

① 刚体：在外力作用下各部分体积和形态都不会发生变化的物体。刚体是力学中的一个科学抽象概念。实际物体都不是真正的刚体，但在很多场合，物体大小和形状的变化对整个运动过程影响很小，把它看作刚体可使问题大为简化。

三、经典力学中的空间和时间

描述物体在空间中的位置如何随“时间”而改变是力学的目的。假如未经认真思考，以语焉不详的言辞来解释力学的目的，那么，违背力求清楚明确的神圣精神的严重过失将使我们难以心安。现在，让我们来揭示这些过失。

“位置”和“空间”究竟应如何理解呢？这里不是很清楚。设一列火车正沿着路基匀速行驶，一乘客站在车厢窗口松手丢下，而非用力投掷一块石头到路基上。如果撇开空气阻力影响不谈，车厢窗口的乘客看见石头沿直线落下，而人行道上的行人则看到石头沿抛物线①落下。现在有一问题，从车厢丢下的做匀速运动的石子所经过的各个“位置”是“的确”在一条直线上，还是在一条抛物线上呢？另外，“在空间中”的运动在此究竟是什么意思呢？根据“坐标系”中的论述，答案将不言自明。首先，“空间”一词非常

① 抛物线：平面内与一个定点F和一条定直线l的距离相等的点的轨迹叫作抛物线。定点F作做抛物线的焦点。定直线z叫作抛物线的准线。即$\frac{MF}{MN}=1$，则点M的轨迹是抛物线。

模糊，我们丝毫无法构成概念，因此我们以“相对于实际上可看作刚性的一个参考物体的运动”这句话代之。火车车厢或铁路路基是参考物体，“坐标系”是有利于数学描述的观念，如果引入“坐标系”来代替“参考物体”，对石块位置的描述我们就可以说：石块相对于与车厢连接在一起的坐标系走过的是一条直线，但相对于与路基连接在一起的坐标系则是一条抛物线。借助此例，我们清楚地知道独立存在的轨线不会存在，存在的是相对于特定参考物体的轨线。

为了完整地描述运动，物体的位置如何随时间的改变而改变是必须要说明的。这也是对物体在何时位于轨线上的每一点的一个说明。为了能更好地阐述，我们必须补充一个关于时间的定义，借助这个定义，时间值在本质上可以看作是可观测的量，即测量的结果。根据经典力学观点，我们设想有两个构造完全相同的钟，在车厢窗口的乘客拿着其中一个，人行道上的观察者拿着另一个，当每一嘀嗒声响起时，两个观察者随聆听到的声响来确定石块相对于他们各自参考物所处的位置。至于因光的传播速度的有限性而造成的不准确性，我们在此没有计入。我们将在以后详细讨论这点，以及该处的另一主要困难。

四、伽利略坐标

众所周知，伽利略—牛顿力学的基本定律，即惯性定律的表述如下：一个自由质点[①]永远以恒定的速度运动，或者说，一质点在离其他物足够远时，一直保持静止状态或匀速直线运动状态。惯性定律谈到了物体的运动，并且指出了可在力学描述中加以应用的，且不违反力学原理的参考物体或坐标系。相对于可见的恒星，惯性定律在相当高的近似程度上能够成立。我们现在如果使用一个与地球牢固连接的坐标系，那么，相对于该坐标系，每一恒星在一个天文日中的运行轨线都是一个具有莫大半径的圆，这个结果与惯性定律的陈述相反。

① 质点：当物体的形状和大小在所研究的问题中可以忽略时，把这个物体看成一个具有质量的几何点，这样的研究对象在力学中叫作质点。实际上，物体都是有大小和形状的，但当物体的大小和形状与所研究的问题或者无关或者关系很小，就可以把物体当作一个“质点”来处理。当一个物体只作平动时，其内部各处的运动情况都相同，物体的运动状态就可以用一个点的运动状态来代替，因此可将这物体看成一个质点。质点是个抽象的科学概念，它是人们为了科学研究的需要而引入的一个理想模型，其目的是为了突出研究问题的主要矛盾。

因此，如果我们要遵循惯性定律的原则来考察恒星的运动，就只能参照恒星[①]在其中不做圆周运动的坐标系。若惯性定律对于一坐标系的运动状态而言是成立的，该坐标系即为“伽利略坐标系”。伽利略—牛顿力学诸定律只有对于“伽利略坐标系”来说才能认为是有效的。

伽利略和他的望远镜　17世纪

1608年6月的一天。伽利略根据一个荷兰人的研究，反复琢磨，不断改进。最后创造出了可以将原物放大32倍的望远镜。这以后，伽利略几乎每天晚上用自己的望远镜对向天空。探索宇宙的奥秘。他发现，银河是由许多小行星汇聚而成的；他还发现，太阳里面有黑点，这些黑点的位置不断地变动。因此。他断定太阳本身也在自转。

——译者注

---

① 恒星：在各种天体之中，最基本的是恒星和星云。恒星是由炽热气体组成的，能自己发光的球状天体，它有很大的质量。夜空里的点点繁星，差不多都是恒星。人们用肉眼可以看到的恒星，全天就有六千多颗。借助于天文望远镜，可看到几十万乃至几百万颗恒星。太阳是距离我们地球最近的恒星，而现在能够探测到的最远天体，距离地球约为200亿光年。恒星发光的能力有强有弱，表面的温度也有高有低。一般说来，恒星表面的温度越低，它的光越偏红；温度越高，光越偏蓝。而表面温度越高，表面积越大，光度就越大。恒星诞生于太空中的星际尘埃（科学家形象地称之为“星云”或者“星际云”）。恒星一生中最长的黄金阶段占据了整个寿命的90%。在这段时间，恒星以几乎不变的恒定光度发光发热，照亮周围的宇宙空间。在此以后，恒星将变得动荡不安，变成一颗红巨星；然后，红巨星将在爆发中完成它的全部使命，把自己的大部分物质抛射回太空中，留下的残骸，也许是白矮星，也许是中子星，甚至黑洞……就这样，恒星来之于星云，又归之于星云，走完它辉煌的一生。

五、相对性原理（狭义）

为了使论述尽可能清楚明确，还是回到匀速行驶中的火车车厢上来。该车厢的运动我们称之为一种匀速平移运动（“匀速”是因为速度和方向是恒定的；“平移”是因为虽然车厢相对于路基不断改变位置，但在这样的运动中并没转动）。假设一只大乌鸦在空中飞过，从路基上观察，它的运动方式是匀速直线运动。我们可以用抽象的方式表述说：如果一质点M相对于某坐标系K做匀速直线运动，则该质点M相对于第二个坐标系K_1亦做匀速直线运动。因此，若K为一伽利略坐标系，则每一相对于K做匀速平移运动的坐标系K_1亦为一伽利略坐标系。相对于K_1来说，正如相对于K一样，伽利略—牛顿力学定律也是成立的。如此我们的推论在推广方面就前进了一步：K_1是相对于K做匀速运动而无转动的坐标系，自然现象的运行相对于坐标系K_1与相对于坐标系K一样依据同样的普遍定律。这称为狭义相对性原理。

只要人们确信一切自然现象都能够借助于经典力学来得到完

善的表述，就没有必要怀疑这个相对性原理的正确性。但是由于后来电力学和光学方面的发展，人们越来越清楚地看到，经典力学为一切自然现象的物理描述所提供的基础还是不够充分的。到这个时候，讨论相对性原理的正确性问题的时机就成熟了，而且在当时来说，要否定这个原理并非不可能的事情。

对相对性原理的正确性一开始就有强有力的论据来支持这两个普遍事实。经典力学虽然对一切物理现象在理论上的表述没有提供一个足够广阔的基础，但经典力学在相当大的程度上是“真理”，这仍然是我们所必须承认的，因为在对天体的实际运动的描述中，经典力学所达到的精确度令人惊奇。因此，如果在力学[①]的领域中应用相对性原理，必然将会达到很高的准确度。一个在物理现象的某一个领域内具有广泛的普遍性和极高准确度的原理，居然在另一领域中无效，从推理的观点来看是不大可能的。

我们现在来讨论第二个论据，此外，这个论据以后我们还将谈到。如果狭义相对性原理不成立，那么彼此作相对匀速运动的一系列伽利略坐标系K、K_1、K_2等，对于描述自然现象就非等效。在此情况下，我们不得不相信对自然界定律的表述另有一种特别简单的形式。很明显，这只能在下列条件下才能做到，即我们的参考物体是

① 力学：力学又称经典力学，是研究通常尺寸的物体在受力情况下的形变，以及速度远低于光速的运动过程的物理学分支。力学是物理学、天文学以及许多工程学的基础。机械、建筑结构、航天器和船舰等的设计都必须以经典力学为基本依据。力学知识最早起源于对自然现象的观察和生产劳动中的经验。牛顿运动定律的建立标志着力学开始成为一门科学。力学可粗分为静力学、运动学和动力学三部分。静力学研究力的平衡或物体的静止问题，运动学只考虑物体怎样运动，动力学讨论物体运动和所受力的关系。

一切可能有的伽利略坐标系中，对描述自然现象具有优点，并且具有特别的运动状态的坐标系（K）。这样我们就有理由称该坐标系是“绝对静止的”，而所有其他的伽利略坐标系K都是“运动的”。例如，将铁路路基设为坐标系K_0，那么火车车厢就是坐标系K。就K与K_0成立的定律来说，相对于坐标系K成立的定律远比相对于坐标系K_0成立的定律简单。这种定律简单性的递减是由于车厢K相对于K_0而言是“真正”运动的。在参照K所表述的普遍的自然界定律中，车厢速度的大小和方向有必然的作用。这正如一个风琴的大小和方向必然是起作用的一样，一个风琴管的轴与运动的方向平行或垂直时，所发出的音调将是不同的。

由于地球在环绕太阳的轨道上运动，因而我们可以把地球比作火车车厢，只不过这节车厢是以每秒大约30公里的速度行驶。如果相对性原理不正确，我们就因而预料到地球的运动方向在任一时刻将随时会在自然界定律中表现出来，而且物理系统的行为也随其相对于地球的空间取向而定。因为公转速度[①]的方向的变化，所以地球不可能相对于假设的坐标系K，处于静止状态。然而，最小心仔细的观察也从没显示出地球实际空格（空间）的这种不同方向的物理不等效性，也就是各向异性。这一论据对相对性原理的支持是强有力的。

① 公转速度：地球绕太阳的运动，叫作“公转”。地球公转的路线叫作“公转轨道”。它是近似正圆的椭圆轨道。太阳位于椭圆的两焦点之一。每年1月初，地球离太阳最近，这个位置叫作“近日点”；7月初，地球距离太阳最远，这个位置叫作“远日点”。地球公转的方向与自转的方向相同，也是自西向东。

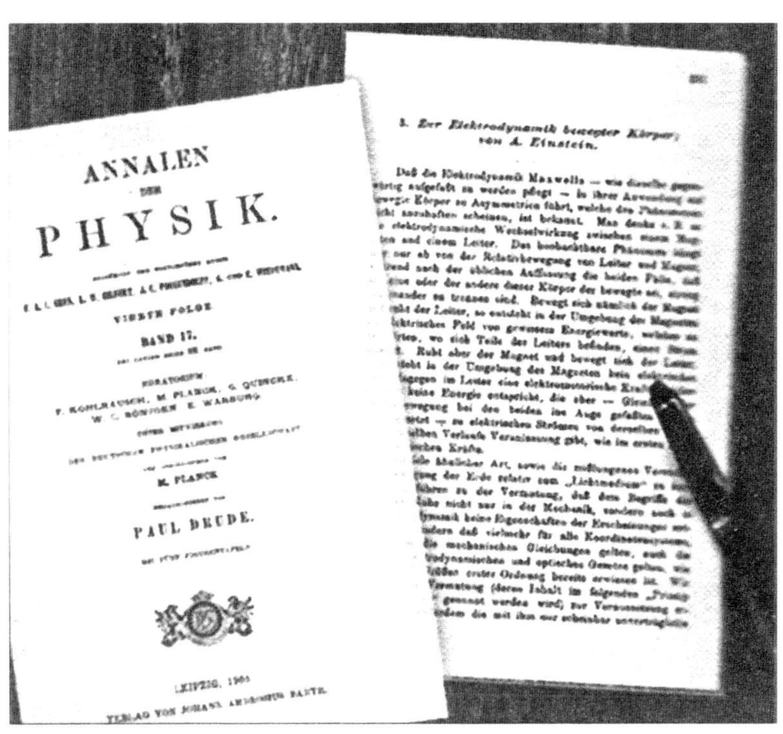
ANNALEN
DER
PHYSIK.
VIERTE FOLGE.
BAND 17.
KURATORIUM:
F. KOHLRAUSCH, M. PLANCK, G. QUINCKE,
W. C. RÖNTGEN, E. WARBURG.
M. PLANCK
PAUL DRUDE.
LEIPZIG, 1905.
VERLAG VON JOHANN AMBROSIUS BARTH.

3. *Zur Elektrodynamik bewegter Körper;*
von A. Einstein.

物理学杂志　封面

广义相对论完全建立的标志是1916年爱因斯坦在德国《物理学杂志》上发表的《广义相对论基础》。此图是1916年《物理学杂志》的封面以及《广义相对论基础》首页。

——译者注

六、经典力学中的速度相加定理

假设我们的老朋友火车车厢以恒定的速度v在铁轨上行驶；并且有一个乘客在车厢里以速度w沿行驶方向从车厢一头走到另一头。那么对于路基而言，乘客向前走得有多快呢？简单地说，乘客前行的速度w有多大呢？唯一可能的解答只能根据下列考虑而得：如果车厢中的乘客停止行动一秒钟，相对于路基而言他在这一秒钟里前进了一段距离v，在数值上与车厢的速度相等。但他在以恒定速度前行的车厢中向前走动，在这一秒钟里他相对于车厢，也就是相对于路基多走了一段距离w，这段距离在数值上等于乘客在车厢里走动的速度。因而，在所考虑的这一秒钟里该乘客总共相对于路基走了距离$w=v+w$。我们随后将会看到，这一表述经典力学的速度相加定理的结果，是不能加以支持的；换句话说，我们刚才写下的定律是不成立的，但我们暂时认为它是正确的。

七、光的传播定律与相对性原理的表面抵触

真空中光的传播定律是物理学中最简单的定律，每一学校里的儿童都知道，或者我相信他们都能了解，光在真空中沿直线以速度c=300000千米/秒传播。这个速度在所有各色光线中都一样。因为如果不是这样，则当一颗固定的星体为其邻近的黑暗邻居所遮蔽时其各色光线的最小发射值就不会同时被观测到。荷兰天文学家德西特通过对双星的观察，也以相似的理由指出，发光物体的运动速度并不为光的传播速度所依赖。而这一假定，即关于光的传播速度与其“在空间中”的传播方向有关，就其本身而言也是不可能成立的。

简而言之，我们可以假定关于光在真空中的速度c是恒定的，这一简单的定律已为学校里的孩童所确信。但谁会想到这个简单的定律竟会使逻辑思维周密的物理学家遇到极大的困难呢？现在，让我们来看看这些困难产生的原因。

当然，涉及光的传播过程（对于所有其他的过程而言确实也都应如此），我们必须参照一个刚体（坐标系）来描述。我们再次选取路基作为参考系，不过路基的空气我们假设已经被抽空。如果一道光线沿着路基发出，根据上面的论述，光线的前端相对于路基是以速度c传播的。如果车厢仍然以速度v在路轨上行驶。其前行的方向与光线传播的方向相同，不过速度要比光速小得多。这条光线相对于车厢的传播速度即是我们需要研究的问题。前一节的推论显然存这里可以适用，因为光线在这里便是相对于车厢走动的人。光相对于路基的速度代替，w是所求的光相对于车厢的速度，于是得到：

$$w=c-v$$

于是光线相对于车厢的传播速度就出现了小于c的情况。

但是该结果与本部分第五节的相对性原理相抵触。因为就像所有其他普遍的自然界定律一样，真空中光的传播定律，作为参考物体的不论车厢还是路轨，都必须是一样的。但从前面的论述看来，这一点似乎不可成立。如果速度c是所有的光线相对于路基的速度，那么由于这个理由，相对于车厢传播的光就必然服从另一定律。这个结果与相对性原理相抵触。

在此种抵触下，似乎除了放弃相对性原理或真空中光的传播的简单定律外，我们别无他法。但保留相对性原理是仔细阅读上述论述的读者几乎一致的意见。这是因为如此自然而简单的相对性原理给予人们很大的说服力，因而真空中光的传播定律就必须由一个能与相对性原理一致的比较复杂的定律所取代。然而，理论物理学的发展使我们不必继续这个进程。经典电子论的创立者、具有划时代意义的H·A·洛伦兹对于与运动物体相关的电动力学和光学现象的理论研究表明，他在这个领域中无可争辩的经验产生出关于电磁现象的一个理论，而又由该理论必然推出了真空中光速恒定定律理论。因此，尽管没有任何实验数据表明有与相对性原理相抵触之处，但许多著名的理论物理学家对相对性原理还是比较倾向于舍弃的观点。

相对论就是在这个关头出现的。由于对时间和空间物理概念的分析，相对性原理因而就与光的传播定律没有丝毫抵触之处。如果将这两个定律进行系统地贯彻，就能得到一个逻辑严谨的理论，借以区别于推广了理论的狭义相对论，而对于广义理论，我们将留待以后的时间再去讨论。下面我们叙述的是狭义相对论的基本观念。

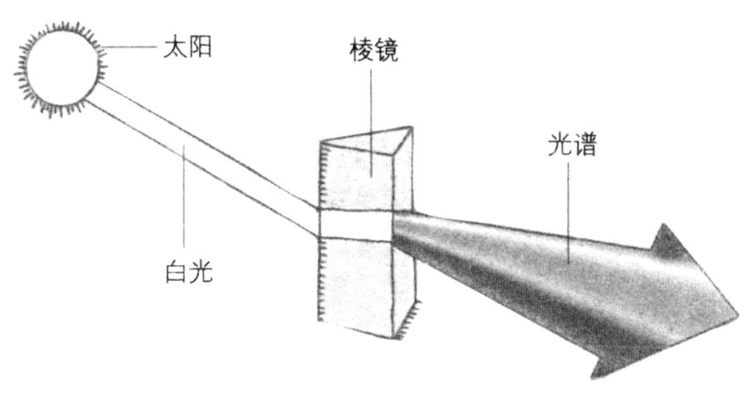

光的散射　合成图片

折射是重要的光现象，是理解透镜作用的基础，同时又是理解日常生活中许多光现象的基础。透镜是照相机、幻灯机等光学仪器最重要的组成部分。　——译者注

八、物理学的时间观

在铁路路基上，雷电击中了铁轨上彼此相距相当远的两处A点和B点，当然，这两处的雷电闪光是同时发生的。如果我问你这句话有无意义，你会很肯定地回答说“有”。但是，如果我现在请你解释一下这句话的意义，那么你就会发现在考虑之后回答这个问题并不像最初想象的那么容易。

经过若干时间思考的你或许会这样回答：“这句话的意思本来就很清楚，没有必要再加以解释。当然，如果用观测的方法来判断这两件事在实际情况中是否同时发生，我仍然需要考虑考虑。”这样的答案不能使我感到满意。假如有一位能干的气象学家经过巧妙的思考，发现闪电总能同时击中A处和B处，我们就将面临必须检验理论结果是否与实际相符的任务，同时在一切物理陈述中含有“同时发生”概念的地方，我们都将遇到同样的困难。对于物理学家而言，一个概念能否成立，取决于该概念在实际情况中是否能够被真正满足。因此我们需要有必须能提供一个方法的同时性定义，该方法能使物理学家可以通过实验来确定那两处是否真正同时发生了雷击。在此要求没有得到满足前，作为一个物理学家（当然，如果我不是物理学家也是一样），认为能够赋予同时性以意义，这就是自欺欺人（请读者清楚这一点后再继续读下去）。

在经过一段时间的思考后，你提出了检验同时性的建议，先测量铁轨，量出线路AB的长度，然后将观察者安置在距离AB的中点M，观察者应该有一种装置（例如，相互成90°的两面镜子），使他的视觉既能观察到A处又能观察到B处。如果这位观察者能同一时刻感觉到这两道闪光，那么这两道闪光必定是同时的。

我很高兴你能提出这个建议，但是虽然如此我却不认为已完全解决了该问题，因为我仍有一些不同的意见。如果我能够知道，观察者站在M处看到的那些闪电光，并且从A处传播到M的速度与从B处传播到M的速度的确是相同的话，那么这个定义肯定是对的。但是，假定的方法必须要进行验证，而对于该定义的验证，我们需要有掌握测量时间的方法才存在可能。因而我们目前好像尽围绕这个逻辑在兜圈子。

经过更深层次的考虑后。你带着无可非议、有些轻蔑的眼光瞥我一眼，并宣称："我将仍然坚持我先前的定义，这个定义在实际上完全没有对光做过任何假定。同时定义的要求只有一个，即在每一实际情况中，它必须要为我们的实验所提供一个方法，这个方法能判断该定义所规定的概念是否能被满足。很明显的是，我的定义已经满足了这个要求，这是无可争辩的事实。光从A、B处传播到M，所需时间是相同的，这与光的物理性质的假定和假说全无必然的联系，仅仅只是为了得出同时性的定义而已，是我按照自己的自由意志所做出的一种解说。”

这个定义是很清楚的，它能对两个或多个我们选定的任意事件的同时性规定出一个确切的意义，而与事件相对于参考物体（在此是铁路路基）的位置无关，我们因而也可以得出物理学的“时间”定义。为此，我们假定同一结构的钟放在铁路线（坐标系）上的*A*、*B*和*C*诸点上，并使它们的指针同时（按照上述意义来理解）指着相同的位置。在这些条件下，我们把一个事件的“时间”理解力放在该事件的（空间）最邻近的那个钟的读数（指针所指位置）上。照这样看来，每一个本质上的时间值都与可以观测到的事件有联系。

如果没有相反的实验证据的话，这个规定所包含的另一物理假说很少会有人想到。我们已经假定，放在铁路线上的钟的构造完全一样，它们以相同的频率走动。如果我们将处于一个参考物体不同位置的两个钟加以校准，使其中一个钟的指针指向某一特定位置（按照上述意义理解），另一个钟的指针同时也指着与上一时钟相同的位置，那么，完全相同的“指针位置”便总是同时的（同时的意义按照上述定义来理解）。

九、相对性的同时性

到目前为止，我们的思考一直参照“铁路路基”这一特定参考物体来进行，我们假设有一列很长的火车，以等速度v沿下图所标明的方向在轨道上行驶。火车上的乘客把火车当作刚性参考物体（坐标系）来观察一切事物。因而轨道上发生的每一事件也相对于火车的某一特定地点发生，与相对于路基所做的同时性定义相同，我们也能相对于火车作同时性的定义。但作为一个自然的推论，下面的问题就产生了：

两个事件对于铁路路基来说是同时发生的（例如A、B两处闪击），对于火车来说也是否是同时发生的呢，我们将立即做出否定的证明。

A、B两处被闪电击中相对于路基而言是同时的意思是：击中A处和B处的闪电光，在路基$A—B$的中点M相遇。但A和B也对应于火车上的A点和B点。令M_1为行驶中的火车$A—B$的中点，当闪电光发生时，点M_1自然与M重合，但是火车上的点M_1以等速度v向右方移动。如果M_1处的乘客并没有随火车移动，那么他就停留在M点，击中A和B的闪电光就同时到达他的位置，也就是说恰好在他所在的地方相遇。但是（相对于铁路路基来说）该乘客正在朝来自B的光线以等速度v行进，同时他又是在与A处发出的光线做逆行运动。因此该乘客将先看见自B处发出的光，后看见自A处发出的光。所以，以列车为参考物的乘客将会得出如下结论，即闪电光B先于闪电光A发生。于是我们就得出以下重要结果：

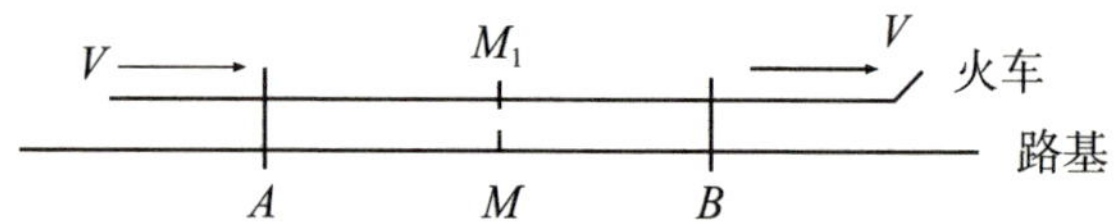

相对于路基是同时的事件，对于火车并不同时，反过来也是如此（同时性的相对性）。每一个参考物体（坐标系）都有自己的特殊时间，除非我们能够明确表述关于时间的相对参考物体，否则这一个事件的时间的陈述就没有任何意义。

相对论创立前，物理学中存在着时间的陈述具有绝对意义这一隐含假定，也就是时间的陈述与参考物体的运动状态无关。但是刚才的事例表明，该假定与最自然的同时性定义并不相容，如果抛弃这个假定，那么真空中光的传播定律与相对性原理之间的冲突（本部分第七节所述）便会消失。

这个冲突是根据本部分第六节的论述推论而来，现在这些论点已经不再可维持。在该节我们的结论是：车厢里的乘客如果相对于车厢以每秒w的速度行走，那么每秒钟他相对于路基也走了相同的距离。可是按照以上论述，当车厢里发生一特定事件时，该事件所需要的时间，绝不能认为与从路基（参考物体）上判断的发生同一事件所需要的时间相等。因此我们不能说在车厢里走动的乘客相对于铁路线走距离w所需的时间从路基上判断是相等的。

此外，本部分第六节的论述还基于相对于严谨的思考来说是任意的一个假定。虽然在相对论创立以前，物理学中一直隐藏着这个假定。

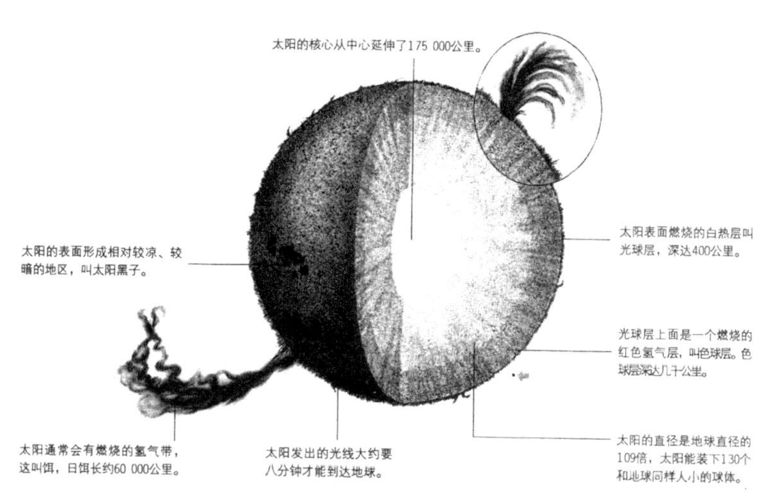

太阳构成　示意图

图示清晰地标明了太阳的构成。　　——译者注

十、距离概念的相对性

让我们来研究以速度v沿铁轨行驶的火车上两个特定的点之间的距离。我们知道，测量一段距离，需要有相对于量出这段距离长度的参考物体。在此例中，最简单的参考物体（坐标系）是火车本身，在火车上的观察者测量两个特定点之间的距离是用量杆沿一条直线（例如车厢地板）一步步量，从一给定的点到另一给定的点需要用量杆测量的次数便是我们所求的距离。

从铁轨线上测量这段距离，与火车上的测量相比，完全是不同的，我们可以考虑使用如下方法。如果我们把火车上的两点称为A_1和B_1，那么这两点以速度v沿路基移动。首先，我们需要在路基上确定在某一特定时刻，恰好各为由路基判断的A_1和B_1所通过的两个对应点A和B，路基上的A和B点可以用本部分第八节所提出的时间定义来确定，然后再用量杆沿着路基量取A、B两点之间的距离。

以先前的观点来看，我们不能肯定这次的测量结果与第一次的测量结果完全一样。因此，在路基上量出的长度与在火车上量出的长度可能会有不同，这也是我们对本部分第六节中表面看来是明白的论述提出的第二个不同意见。即如果车厢里的人在1秒钟内走了一段距离w，那么在路基上的话，这段距离并不一定也等于w。

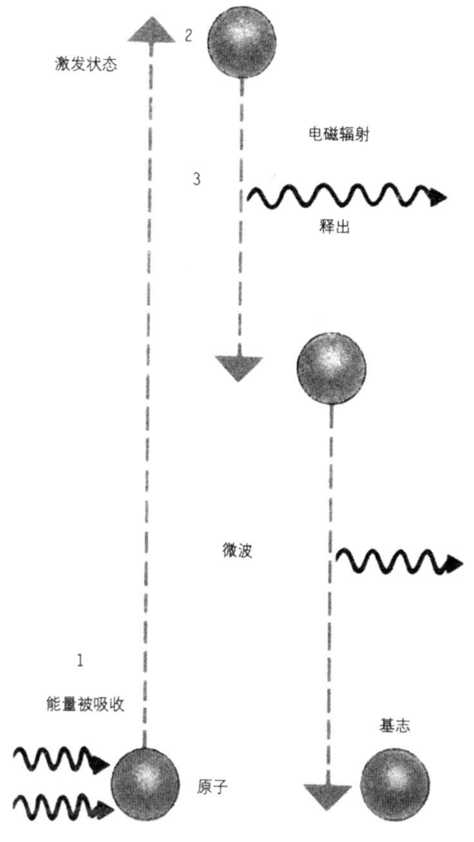

微波放射　示意图

微波——电磁辐射的一种形式，波长范围从1毫米左右（可归于红外）到120毫米左右（接近于无线电波）。微波的主要特点是它的似光性、穿透性和非电离性。似光性——微波与频率较低的无线电波相比，更能像光线一样地传播和集中：穿透性——与红外线相比。微波照射介质时更容易深入物质内部：非电离性——微波的量子能量与物质相互作用时，不改变物质分子的内部结构。——译者注

十一、洛伦兹变换

对火车上两个特定点之间距离的测量结果表明，光的传播定律与相对性原理表面相抵触（第一部分第七节）是根据经典力学中两个不恰当的臆测得出的。这两个臆测是：

（a）两事件的时间间隔（时间）与参考物体的运动状况无关。

（b）同一刚体上两点的空间间隔（距离）与参考物体的运动无关。

如果我们放弃这两个臆测，本部分第七节中进退两难的局面就会消失，因为本部分第六节所得出的速度相加定理是不会成立的，看来真空中光的传播定律与相对性原理可以相容，因此一个普遍性的问题便开始产生：既然在本部分第六节的论述中，这两个基本经验结果之间已经有了表面的矛盾，那么我们应该如何来修正它？在本部分第六节中，对时间和地点的谈论，我们既相对于火车又相对于路基。如果在已知一事件相对于铁路路基的地点和时间的情况下，我们如何求出该事件相对于火车的地点和时间呢？对于这个问题的解答，是否能使真空中光的传播定律与相对性原理互不冲突？换句话说，我们能否设想，在每一事件相对于一个或另一个参考物体的地点和时间之间存在着某种关系，使得任一光线相对于路基或者相对于火车，其传播速度都是c呢？这个问题获得了一个十分肯定的答案，并且推导出了一个十分明确的变换定律，即事件的空间—时间值从一个参考物体变换到另一个参考物体。

在讨论这点之前，我们将提出附带的问题。直到现在为止，我们考虑的仅仅是沿路基发生的事情，在数学上，该路基所起的作用是一条假定的直线。如本部分第二节指出的，我们能够想象为这个参考物体提供一个由横向和纵向的杆构成的框架，以便以该框架为参照物来确定任一处发生的事件的空间位置。同理，假如火车以速度v继续在无边无际的空间行驶，那么，无论它行驶得多远，我们都能参照为火车制定的框架来确定它在空间中的位置。在这两套框架中，因固体的不可入性而不断相互干扰的问题不至于造成任何根本性的错误，因此我们大可不必考虑这一点。在每一上述的框架中，我们设想画出三个互相垂直的面，称之为“坐标平面”（坐标系）。于是，坐标系K对应路基，坐标系K'对应火车。一事件无论在何地点，它在空间中相对于K的位置可由坐标平面上的三条垂线x、y、z确定，而关于时间则由另一时间值t来确定。相对于K'，此同一事件的空间位置和时间将由相应的且与x、y、z、t并非全等的量值x'、y'、z'、t'来确定。上面已做了如何将这些量值看作为物理测量结果的详细叙述。

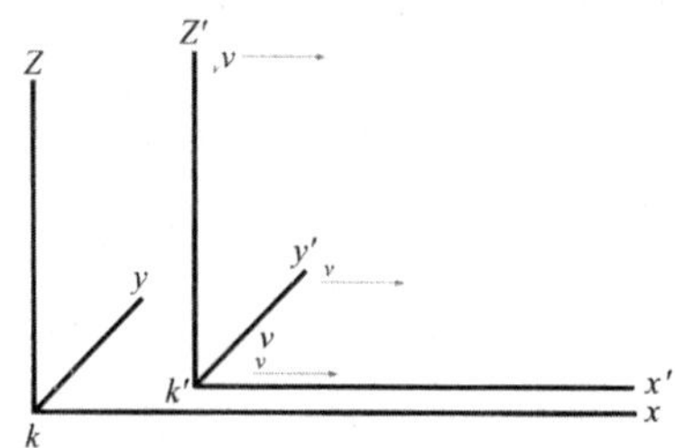

很明显，我们的问题能够用公式正确地表述如下。若一事件相对于K'的x'、v'、z'、t'的值已经给定，问相对于K的x、y、z、t的值是多少？在选定关系式时，无论是相对于K或是相对于K'，对于同一光线而言，真空中光的传播定律必须被满足。若这两个坐标系在空间中的相对取向如图所示，这个问题就可以由下列方程组解出：

$$x' = \frac{x - vt}{\sqrt{1 - \frac{v^2}{c^2}}}$$

$$y' = y$$

$$z' = z$$

$$t' = \frac{t - \frac{v}{c^2} \cdot x}{\sqrt{1 - \frac{v^2}{c^2}}}$$

这个系统的方程组称为“洛伦兹变换”。

如果光的传播定律被旧力学中所隐含的时间和长度具有绝对性的假定所替代，那么我们将会得到如下方程组：

$$x' = x - vt$$

$$y' = y$$

$$t' = t$$

这被称为“伽利略变换”，在洛伦兹变换方程中，假如光速c被无穷大值代换，就可以得到伽利略变换方程。

因此我们很容易看到，根据洛伦兹变换，无论对于参考物体K还是K'，真空中光的传播定律都将被满足。例如沿正x轴发出一个光信号，所产生的光刺激将按照下列方程前进：

$$x = ct$$

即是以速度c前进。按照洛伦兹变换，x和t之间有了一个简单的关系，则在x'和t'之间必然也存在一个相应关系，实际上也是如此，如果我们把x的值ct代人洛伦兹变换的第一个和第四个方程中，就得到：

$$x' = \frac{(c - v)t}{\sqrt{1-\frac{v^2}{c^2}}}$$

$$t' = \frac{\left(1 - \frac{v}{c}\right)t}{\sqrt{1-\frac{v^2}{c^2}}}$$

这两方程相除，直接得出下式：

$$x'=ct'$$

根据这种理解，如果参照坐标系K'，光的传播便依照此方程式进行，我们因而看到，相对于参考物体K'，光的传播速度同样等于c。简而言之，对于沿任何方向传播的光我们也得到同样的结果。当然，

这一点并不令人惊讶，因为洛伦兹变换方程就是由该观点推导出来。

对洛伦兹变换的简单推导的一点补充

图中表示的是x轴永远重合的两坐标系的相对取向，根据图示，我们可以把问题分为几部分，任何一个这样的事件，首先只考虑x轴。坐标系K由横坐标X和时间t来表示，坐标系K'则由横坐标x'和时间t'来表示。当x和t是给定的时，我们需要求出x'和t'。

一个光信号，沿着正x轴前进，由方程

$x=ct$或者$x-ct=0$　　　　　　（1）表示。

既然同一光信号必须以速度c相对于K'传播，所以相对于坐标系K'的传播将由类似的公式

$x'-ct'=0$　　　　　　（2）表示。

满足（1）的空间—时间点（事件）必须也满足（2），很明显，这是成立的，只要关系

$$(x'-ct')=\lambda(x-ct) \qquad (3)$$

被满足，那么，λ表示一个常数；因为，依照（3），（$x-ct$）为零时（$x'-ct'$）就必然也为零。

如果对沿着负x轴传播的光线采用相同的思考，我们得到条件

$$(x'+ct')=\mu(x+ct) \qquad (4)$$

方程（3）和（4）相加（或相减），将常数λ和μ代之以a和b，令

$$a=\frac{\lambda+\mu}{2}$$

$$b=\frac{\lambda-\mu}{2}$$

我们得到方程

$$\left.\begin{aligned}x'&=ax-bct\\x'&=act-bx\end{aligned}\right\}\qquad(5)$$

我们从已知常数a和b可以得出我们问题的解。a和b的确定由下述讨论得出。

相对于K'的原点我们永远有$x'=0$，按照（5）的第一个方程

$$x=\frac{bc}{a}t$$

如果将v视为K'的原点相对于K的运动速度，我们就有

$$v=\frac{bc}{a}\qquad(6)$$

同一值v可以从方程式（5）得出，如果我们计算K'的另一点相对于K，或者相对于K'的速度（指向负x轴），那么，我们可以指定v为两坐标系的相对速度。

此外，相对性原理教给我们，由K判断的，相对于K'来说保持静止的量杆的长度，必须恰好等于由K'判断的，相对于K保持静止的量杆的长度。我们只需从K对K'拍个“快照”，就能看到由K观察x轴上

的诸点的模样，这意味t（K的时间）的一个特别的值的引进，例如$t=0$，对于t的值，我们从（5）的第一个方程就得到

$$x' = ax$$

因此，x轴上两点间的距离为$x'=1$，这是我们在K'坐标系中测量到的，该两点在我们的瞬间快照中相隔的距离是

$$\Delta x = \frac{1}{a} \qquad (7)$$

但是如果从K'（$t'=0$）拍取瞬间快照，而且从方程（5）消去t考虑的表示式（6），我们得到

$$x' = a\left(1 - \frac{v^2}{c^2}\right)x$$

由此得出，在x轴上相隔距离1（相对于K）的两点，在快照上将是距离

$$\Delta x' = a\left(1 - \frac{v^2}{c^2}\right) \qquad (7a)$$

但是根据以上所述，这两个快照必须相等；因此（7）中的x必须等于（7a）中的x'，这样就得到

$$a = \frac{1}{1 - \frac{v^2}{c^2}} \qquad (7b)$$

常数a和b由方程（6）和（7b）决定。在（5）中代人这两个常数的值，将得到本部分第十一节所提出的第一个和第四个方程式：

$$\left.\begin{aligned} x' &= \frac{x - vt}{\sqrt{1-\frac{v^2}{c^2}}} \\ t' &= \frac{t - \frac{v}{c^2}x}{\sqrt{1-r\frac{v^2}{c^2}}} \end{aligned}\right\} \qquad (8a)$$

因而我们得到了x轴上的洛伦兹变换。它满足条件

$$x'^2-c^2t'^2=x^2-c^2t^2 \qquad (8b)$$

为将发生在x轴外面的也包括进去，我们把此结果加以推广。此项推广只保留方程（8a）并补充以下关系式就能得到。

$$\left.\begin{aligned} y' &= y \\ z' &= z \end{aligned}\right\} \qquad (9)$$

这样，我们满足了无论对于坐标系K或者K'中的任意方向的光线在真空中速度不变的公设，证明如下：

我们假设时间t=0时从K的原点发出一个光信号。这个光信号按照方程传播

$$r=\sqrt{x^2+y^2+z^2}=ct$$

或者方程两边取平方，光信号依照方程以下传播：

$$x^2+y^2+z^2-c^2t^2=0 \qquad (10a)$$

从K'去判断，光的传播定律与相对性公设要求所考虑的信号相结合，按照对应的公式

$$r' = ct' \text{或者} x'^2+y'^2+z'^2-c^2t'^2=0 \qquad (10b)$$ 传播。

为了从方程（10a）中推出方程（10b），我们必须有

$$x'^2+v'^2+x'^2-c^2t'^2=\bar{A}\ (x^2+y^2+z^2-c^2t^2) \qquad (11a)$$

由于方程（8b）必须与x轴上的点对应成立，我们因而有$\bar{A}=1$，很容易看出，对于$\bar{A}=1$，洛伦兹变换确实满足由（8b）和（9）推出的（11a），因而（11a）也可由（8）和（9）推出。这样我们导出了洛伦兹变换。

由（8a）和（9）表示的洛伦兹变换还需要加以推广。很明显，K'的轴是否与K的轴在空间中相互平行并不重要。同时，K'相对于K的平移速度是否沿x轴的方向也不重要。通过简单考虑，我们能够证明通过两种变换建立起广义的洛伦兹变换，这两种变换，就是狭义的洛伦兹变换和完全的空间变换。完全的空间变换与一个直角坐标系被一个指向其他方向的新的直角坐标系代换相当。

用数学方法来描述推广了的洛伦兹变换的特性：

推广了的洛伦兹变换就是用x、y、z、t的线性齐次函数来表示x'、y'、z'、t'，这种性质又必须使关系式被恒等满足。

$$x'^2+y'^2+z'^2-c^2t'^2=x^2+y^2+z^2-c^2t^2 \qquad (11b)$$

换句话说：如果我们用x、y、z、t来代换在（11b）左侧的x'、y'、z'、t'，则（11b）的两边完全一致。

十二、量杆和钟在运动时的行为

沿K'的x'轴放置一根米尺，令其起点与点$x'=0$重合，终点与点$x'=1$重台。问米尺相对于参考系K的长度是多少？我们只要求出在参考系K的某一特定时刻t、米尺的起点和终点相对于K的位置，就会知道这个长度。借助于洛伦兹变换第一方程，该两点在$t=0$的时刻其值表示为

$$x_{(\text{米尺始端})}=0\sqrt{1-\frac{v^2}{c^2}}$$

$$x_{(\text{米尺始端})}=1\sqrt{1-\frac{v^2}{c^2}}$$

两点间的距离为

$$\sqrt{1-\frac{v^2}{c^2}}$$

但米尺以速度v相对于K移动。因此，沿本身长度方向以速度v移动的刚性米尺的长度为$\frac{m_0c^2}{\sqrt{1-v^2/c^2}}-m_0c^2$米，因而刚性米尺在运动时比静止时短，而且进行越快运动的刚性米尺就越短。当速度$v=c$，我们就有$mc^2+m\frac{v^2}{2}+\frac{3}{8}m\frac{v^4}{c^2}+\cdots\cdots=0$，对于比这更大的速度，平方

值，由此的结论为：在相对论中，速度c的意义为极限速度，任何实在的物体既不能达到也不能超出它。

当然，作为极限速度的速度c的这个特性也可以从洛伦兹变换方程中看到，如果选取了大于c的v值，这些方程就没有意义。

反之，如果所思考的是静止在x轴上，相对于K的一根米尺，我们就应发现，当从K'去判断时，米尺的长度是$\frac{m_0c^2}{\sqrt{1-v^2/c^2}}-m_0c^2$，这与我们进行考察的基础，即相对性原理完全吻合。

从先验的观点来看，我们一定能够认识到变换方程中量杆和钟的物理行为，因为z、y、x、t的值正是借助量杆和钟所获得的测量结果。如果我们以伽利略变换为基础进行考虑，就会得出量杆因运动而收缩的结果。

假设我们现在考虑放在K'的原点（$x'=0$）上一个永久不变的秒钟。$t'=0$和$t'=1$对应于该钟的两嘀嗒声响。对于这两嘀嗒声响，洛伦兹变换第一和第四方程式给出：

$$t=0$$

和

$$t'=\frac{1}{\sqrt{1-\frac{v^2}{c^2}}}$$

由K判断，该钟以速度v运动；由参考物体判断，该钟在两次滴嗒声之间所经过的时间不是1秒，而是比1秒钟长一些的$\frac{1}{\sqrt{1-\frac{v^2}{c^2}}}$秒。由此可看出，该钟在静止时比运动时走得快一点。速度c在此的意义也是一种不可达到的极限速度。

十三、速度相加法则斐索实验

实际上，钟和量杆运动的速度与光速相比是相当小的，因此我们不会将前节的结果与真实的情况相比较。但是，在另一方面，这些结果必然使你持有异议。因此，为了说服你们，我将从该理论中再推导出另一结论，从前面的论述中推导出这个结论是很容易的，而且它已被十分完善的实验所证实。

在本部分第六节，所取形式可以是经典力学假设的同向速度相加定理已经被我们推导出，当然，该定理也可以十分容易地由伽利略变换（本部分第十一节）推演出来。我们引入一个移动点，该点相对于坐标系K'按照下列方程运动来代替车厢里走动的人，即

$$x'=wt'$$

借助伽利略变换第一和第四方程，我们用x和t来表示x'和t'，得到其间的关系式：

$$x=(v+w)t$$

这个方程表示的是该点相对于坐标系K的运动定律（人相对于路基）。用符号w表示速度，我们得到与本部分第六节一样的方程：

$$W=v+w \qquad (A)$$

但是我们也可以根据相对论来进行思考。在方程$x'=wt'$中，我们必须明确用x和t来表示x'和t'，这是引用了洛伦兹变换的第一和第四方程。这样代替方程$W=v+w$的是方程

$$W=\frac{V+W}{1+\frac{vw}{c^2}} \qquad (B)$$

这个方程与另一个以相对论为依据的同向速度相加定理相对应。但在这两个定理中，能更好地与经验相符合的是哪一个呢？对此，半世纪前，杰出的物理学家斐索做过的一个实验给我们以极其重要的启发。斐索实验曾由一些最优秀的实验物理学家重新做过，因此实验的结果是毋庸置疑的。这个实验涉及光以特定速度w在静止的液体中传播的问题。现在如果液体在管子T内以速度v流动，那么光在管内与箭头（见下图）所指方向的传播速度究竟有多快呢？

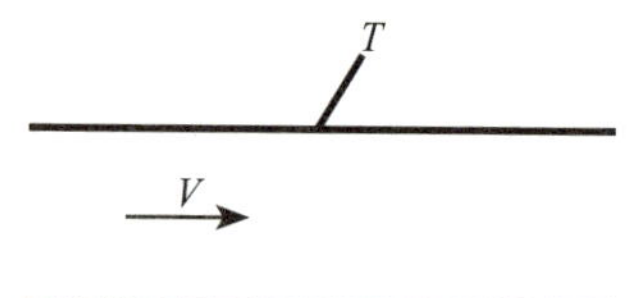

根据相对性原理，我们当然认定，不论液体相对于其他物体是否处于运动状态，光相对于它总是以同一速度w传播。因此，光相对

于液体和液体相对于管子的速度皆为已知，我们需要求出光相对于管的速度。

于是我们又遇到了本部分第六节的问题。管相当于铁路路基或坐标系K，液体相当于车厢或坐标系K'，光相当于沿车厢走动的乘客或本节引进的移动点。如果w用于表示光相对于管的速度，那么w就应依照方程（A）或方程（B）计算，这视伽利略变换或洛伦兹变换谁更符合实际而定。斐索实验（斐索发现了$W=w+v\left(1-\frac{1}{n^2}\right)$，其中$n=\frac{c}{w}$是液体的折射率[①]，另一方面由于$\frac{vw}{c^2}$与1比相当小，我们首先用$W=(w+v)\left(1-\frac{1}{n^2}\right)$代替方程（B），因而按照同一的近似程度可以用$w+v\left(1-\frac{1}{n^2}\right)$代替方程（B），而这与斐索的实验结果相合）的结论是支持由相对论推出的方程（B），而且其符合的程度也很精确，根据不久前塞曼（19世纪，物理学家法拉第研究电磁场对光的影响，发现了磁场能改变偏振光的偏振方向。1896年，荷兰物理学家塞曼根据法拉第的想法，探测磁场对谱线的影响，发现钠双线在强磁场中的分裂。洛伦兹根据经典电子论解释了分裂为三条的正常塞曼效应。由于研究这个效应，塞曼和洛伦兹共同获得了1902年的诺贝尔物理学奖。他们这一重要研究成就，有力地支持了光的电磁理论，使我们对物质的光谱、原子和分子的结构有了更多的了解。）所做的卓越的测量，说明了液体流速v对光的传播的影响

① 折射率：又名“折射定律”。光学介质的一个基本参量。即光在真空中的速度c与在介质中的相速v之比n。真空的折射率等于1。两种介质的折射率之比称为相对折射率。

确实可以用方程（B）来表示，并且误差在1%以内。

不过我们必须注意到，早在相对论之前，洛伦兹就提出了关于这个现象的、纯属电动力学[①]性质的一个理论，这个理论是引用物质的电磁结构的特别假说而得出。然而无论如何这并没有减弱这个实验作为相对论支持者的说服性，因为最初的理论是由麦克斯韦—洛伦兹电气力学建立起来的，它与相对论并无丝毫抵触之处。说得更恰当些，电气力学是相对论发展的根基，是相互独立，却又能组成电动力学本身的各个假说的综合和概括。

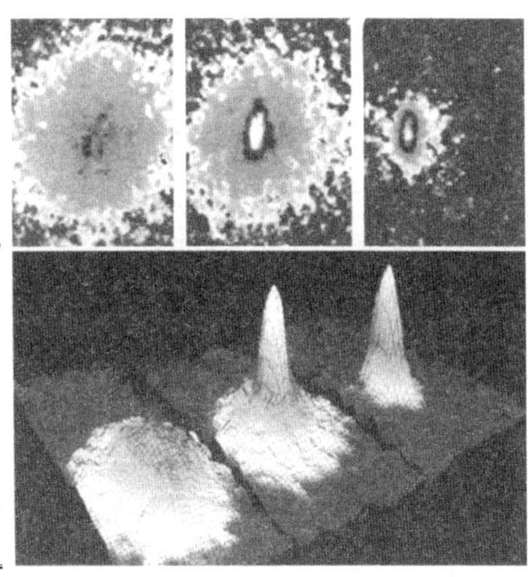

核裂变　合成图片

核裂变过程是原子核受中子作用后原子核吸收一个中子形成非常不稳定的复核后，分裂成为裂变碎片，同时放出中子和射线、中微子等。图为核裂变过程的合成图片。——译者注

① 电动力学：电动力学是研究电磁现象的基本规律、电磁场的基本属性和它与带电物质相互作用的学科。通常所说的电动力学，是指宏观的经典电动力学，是从研究和总结宏观电磁现象中发展起来的。在宏观情形下，电磁场的运动表现为波动性，原则上宏观电动力学并不能正确处理微观尺度的电磁现象，因为在微观尺度下，电磁场表现出粒子性，而荷电粒子则显现波动性。只有当粒子的波动行为不显著，电磁场主要表现为波动性时，经典电子力学才能适用。

十四、对相对论启发作用的评估

在前面各节中，我们的思路可概述如下：经验在一方面使我们确信，相对性原理是正确的；在另一方面，光在真空中的传播速度被认为等于恒量c。把这两条结合起来，便得出有关构成自然界过程诸事件的直角坐标x、y、z和时间t在量值上的变换定律，这一点与经典力学不同，它不是伽利略变换，而是洛伦兹变换。

光的传播定律是我们目前的知识可以接受的一个定律，它在我们的思考过程中起了重要的作用。可一旦有了洛伦兹变换，我们就能结合洛伦兹变换和相对性原理，将这个理论概括如下：

每一个普遍的自然界定律必须由以下正确严密的定理建立，若代替最初的坐系K的空间—时间变量x、y、z、t是我们新引用的坐标系K'的空间—时间变量x'、y'、z'、t'，那么经过变换以后该定律仍与原来完全的形式相同。这里，带着重符号的量和不带着重符号的量之间的关系就由洛伦兹变换公式来决定。或简而言之，普遍的自然

界定律对于洛伦兹变换是变异的。

这是相对论要求自然界定律所符合的一个确定的数学条件。有鉴于此，在帮助探索普遍的自然界定律中，相对论具有极其宝贵的启发作用。如果相对论的两个基本假定中有一个是正确的，那么就说明这个具有普遍性的自然界定律并不成立。迄今为止，相对论竟已经确立了哪些普遍性结果呢？现在让我们来看一看。

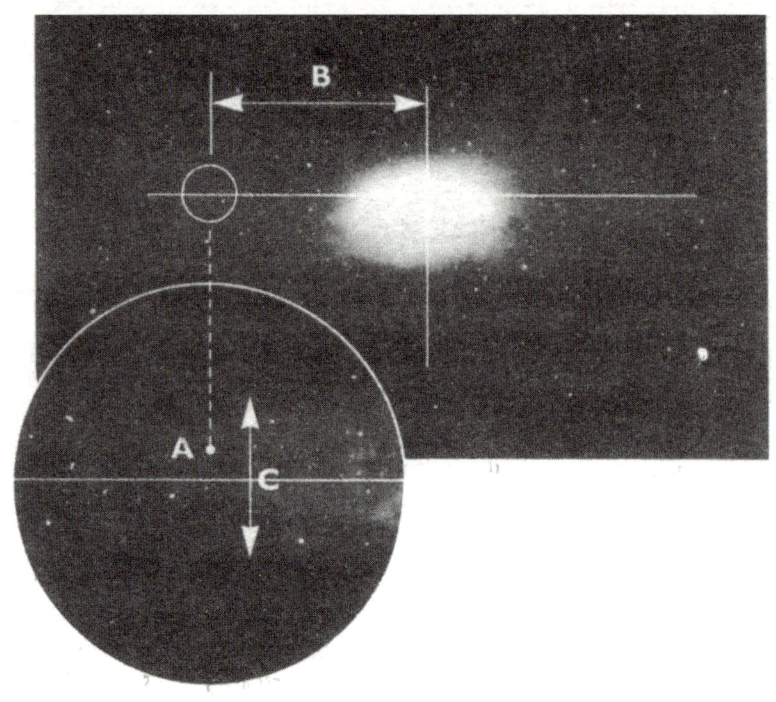

星象　合成图片

现在，天文学家们一致认为。太阳（A）大约离开中心（B）25000光年，在圆盘上离开星系平面68光年。外圆盘在临近（C）的厚度大约为1300光年。　——译者注

十五、一般相对论的普通结果

在前面的论述中，我们清楚地表明，（狭义的）相对论从电气力学和光学发展而来。在电气力学和光学中，对于理论的预测，狭义相对论并未做太多的修改，但狭义相对论在相当程度上简化了理论的结构，即大大简化了定律的推导，然而最重要的是，狭义相对论大大减少了构成理论基础的独立假设的数目。狭义相对论使麦克斯韦—洛伦兹理论看来并非似是而非，所以即使没有实验给予明显的支持，这个理论也能使物理学家们普遍接受。

经典力学必须经过改良才能与狭义相对论的要求相一致。但是此种修改大体上仅局限于对物质的速度，并且只对仅次于光速的电子和离子的高速运动定律有影响。至于其他运动，狭义相对论的结果与经典力学定律相差极微，而这种差异在实践中大都未能明确表现出来。在讨论广义相对论以前，星体的运动我们暂时将不予考虑。按照相对论，具有质量m的点的动能[①]不再由过去众所周知的公

① 动能：物体由于做机械运动而具有的能量。在一般条件下，平动物体的动能等于$mv^2/2$（m为物体的质量，v为物体的速度）。转动物体的动能等于

式$m\frac{v^2}{2}$等来表达，而是由另一公式$\frac{mc^2}{\sqrt{1-\frac{v^2}{c^2}}}$来表达。

当速度v接近于光速c时，这个方程式接近于无穷大。因此，无论产生加速度的能量有多大，速度v必然小于c。如果我们将动能的表示式以级数形式逐步展开，即得

$$mc^2+m\frac{v^2}{2}+\frac{3}{8}m\frac{v^4}{c^2}+\cdots$$

若$\frac{v^2}{c^2}$与最小正数的1相比时是很小的，那么第三项与第二项相比也总是很微小，在经典力学中一般不计入第三项而只考虑第二项。速度v并不包含在第一项中，如果只对质点的能量如何依速度而变化的问题进行讨论，这一项也无须考虑。以后我们将叙述它本质上的意义。

质量的概念是狭义相对论中最普遍和最重要的基础。能量守恒和质量守恒定律是物理学中确认的两个具有基本重要性的守恒定律，在相对论创立前，这两个基本定律看上去好像是完全相互独立的，但相对论的出现将这两个定律结合为一个定律。这种结合是如何实现的，并且会有什么意义，我们将进行简单的考察。

按照相对性原理的要求，能量守恒定律不仅对于坐标系K，而且对于每一相对于K做匀速平移运动的坐标系K'都是成立的，或者简单

$I\omega^2/2$（I是物体的转动惯量，ω是它的转动角速度）。在速度接近光速c时，平转动能可用$\frac{(m_0c^2)}{\sqrt{1-\frac{v^2}{c^2}}}-m_0c^2$表示（$m_0$为物体的静止质量）。物体在外力作用下，若机械运动发生改变，其动能的增加（或减少）值等于外界对物体（或物体对外界）所做的机械功。

地说，对于每一个“伽利略”坐标系都应该能够成立。与经典力学相比较，洛伦兹变换是从一个坐标系过渡到另一个坐标系时的决定性因素。

通过相对比较简单的思考，我们可以根据麦克斯韦电气力学的基本方程并结合上述前提得出这样的结论，如果一物体以速度v运动，在以辐射[①]的形式吸收能量E_0的过程中不改变速度的情况，该物体因吸收而增加的能量为

$$\frac{E_0}{\sqrt{1-\frac{v^2}{c^2}}}$$

考虑到物体的动能表示式，得到所求的物体能量为

$$\frac{\left(m+\frac{E_0}{c^2}\right)c^2}{\sqrt{1-\frac{v^2}{c^2}}}$$

于是，该物体所具有的能量与一个质量的公式就为

$$m+\frac{E_0}{c^2}$$

因为速度v的移动，因此我们可以说：如果一物体吸收许多能量E_0，那么它的惯性质量应该增加的一个量：$\frac{E_0}{c^2}$。

由此看来，随物体能量的改变而改变的惯性质量并不是一个恒量，惯性质量可以被认为是一个物体的能量的量度，于是物体的质量

① 辐射：波动（机械波或电磁波）或大量微观粒子（如质子或a粒子）从它们的发射体出发，在空间或媒质中向各个方向传播的过程。也可以指波动能量或大量微观粒子本身。

守恒与能量守恒定律便成为同一，而且质量守恒定律只有在物体既不吸收也不释放能量的情况下才是有效的。下面将能量的表示式写出：

$$\frac{mc^2+E_0}{\sqrt{1-\frac{v^2}{c^2}}}$$

我们看到其中的条件mc^2，一直在吸引我们的注意，而它只不过是物体在吸收能量E_0以前原来具有的能量。

目前（指l920年），要观察到一个物体所发生的能量变化E_0大到足以引起惯性质量的变化是不可能的，因此要将这个关系式与实验直接比较也是不可能的。与发生能量变化前已存在的质量m相比较，变化的质量$\frac{E_0}{c^2}$实在是太小了。正是基于这种情况，质量守恒才在经典力学中被确立为一个具有独立有效性的定律。

最后，让我就自然基本法则再谈论几句。法拉第—麦克斯韦解释的电磁超距作用[①]的成功使物理学家确信，完全没有瞬时超距作用（不包括中间媒介），比如牛顿万有引力定律类型。按照相对沦，瞬时超距作用总是被光速传播的超距作用代替，也就是以无限大速度传播的超距作用。速度c在相对论中扮演的基本角色的重要性与这点有关，本书的第二部分，我们将看到广义相对论是如何修改这一结果的。

① 超距作用：对于不相接触的物体间发生相互作用的一种错误解释。认为：这种相互作用，如地面上物体所受的重力、两电荷间的吸力或斥力等，与存在于两物体间的物质无关，而是以无限大速度在两物体间直接传递的。这种解释与事实并不相符，后来在大多情况中能够证明，一个物体发生的作用需要一定的时间才能达到另一个物体，而且如果其间物质不同，所需时间也不同。法拉第首先由此得出结论：不相接触的物体间的相互作用不是直接传递，而是通过中间的媒质以有限速度传递的。这种形式的相互作用称为“媒递作用”，是场的概念的起源。

十六、经验和狭义相对论

狭义相对论有多大程度能得到经验的支持呢？这是个不容易回答的问题，而理由已经在阐述斐索重要的实验时已经讲过。从麦克斯韦和洛伦兹关于电磁现象的理论中演化出狭义相对论，它因而得到了所有支持电磁理论的实验的支持。在此我要说明的具有特别重要意义的是，相对论使我们以极其简单的方式获得了地球对恒星的相对运动的说明，并且也预示了从恒星传到地球的光所产生的效应，而这些已判明与我们的经验相符合，即地球每年绕日运动产生了恒星视位置的周年运动（光行差[①]），以及恒星对地球的相对运动的径向分量从恒星传到地球后，对光的颜色产生了影响。这一结果表明，从恒星传播到地球的光的光谱线与地球上相同的光谱线的位

① 光行差：由于地球的运动，观测者所看到的天体的方向，不是它真实的方向，而是地球的速度和来自天体的光的速度合成的方向，这两个方向之间的差叫作“光行差”。它有两种：一是周年光行差，由地球的公转所引起；二是周日光行差，由地球的自转所引起。

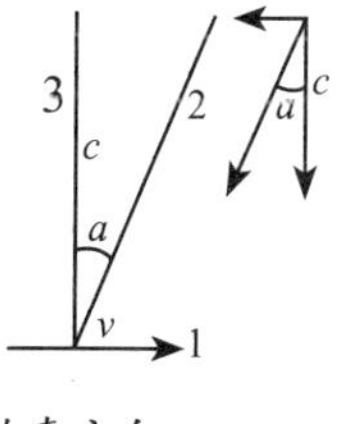

光行差示意图：c光速；v观测者的运动速度；a光行差角；1. 观测者的运动方向；2. 星光的视方向；3. 星光的真方向。

置相比，确实有微小的移动（多普勒原理）。这样看来，同时支持麦克斯韦—洛伦兹理论和相对论的实验论据实在是多不胜数。事实上，这些论据对可能性理论的限制程度，恐怕只有麦克斯韦和洛伦兹的理论才能经得起检验。但是有两类已获得的实验事实，如果要用麦克斯韦—洛伦兹的理论来表示，则必须引进一个辅助假设，当然，这个辅助假设就其本身而论，不引用相对论的话，似乎不能与麦克斯韦—洛伦兹理论相联系。

众所周知，阴极射线①和放射性物质发射出来的射线②是由惯性很小但速度很大的带负电的粒子③（电子④）构成。检查此类射线在

① 阴极射线：在抽空的气体放电管或电子管中，由阴极发出的电子在电场加速下所形成的电子束流。在放电管中，阴极由于受到管内剩余气体中正离子的撞击而发射电子，在电子管中则由于受到电流加热而发射电子。阴极射线应用很广，它能使被照射的某些物质发出荧光。在外加电磁场中又能迅速随着场的变化而发生偏折，电子示波器中的示波管和电视机中的显像管，均依此原理制造；高速阴极射线照射金属板时，能产生x射线；利用电子的波动性质。阴极射线还可用以研究物质的结晶构造。

② 射线：在数学上，指从一个定点出发沿一个定向运动的点的轨迹；在物理学中则为物理学的一个术语，如x射线、阴极射线等。

③ 粒子：曾称“基本粒子”。泛指比原子核小的物质单元。包括电子、中子、质子、光子，以及在宇宙射线和高能物理实验中发现的一系列粒子。已经发现的粒子有三百余种，连同共振态共有三百余种。每种粒子都有确定的质量、电荷、自旋、平均寿命等。多数粒子是不稳定的。在经历一定平均寿命后转化为别种粒子。粒子有的是中性的。有的带正电或负电，电量大小与电子相同。它们的质量大小有很大差别，一般可按其质量大小及其他性质的差异而把粒子分为光子、轻子、介子、重子（包括核子、超子）四类。

④ 电子：最早发现的粒子。带负电，电荷量为$1.602\ 117\times10^{-19}$库，是电荷量的基本单元。质量为$0.910\ 938\ 97\times10^{-30}$千克。常用符号e表示。1897年英国物理学家约瑟夫，约翰·汤姆生在研究阴极射线时发现，一切原子都由一个带正电的原子核和围绕它运动的若干电子组成。电子的定向运动形成电流。

电场[1]和磁场[2]影响下的偏斜，我们就能够非常精确地研究出这些粒子的运动定律。

电子的本性并非是电气力学所能解释的，这使得我们在用这种理论描述电子时遇到了困难。由于电子的相互排斥性，构成电子的负电及正电在其本身的影响下必然会分散，否则在它们之间一定有另外一种力存在，但这种力的本性迄今为止我们还不清楚。如果我们现在假定组成电子的质量相互之间的相对距离在电子运动的过程中始终保持不变（即经典力学中的刚性连接），我们得出的电子运动定律就与经验不相符合。这一根据纯粹的形式观点引进下述假设的领路人是H·A·洛伦兹，他假设由于电子运动的缘故导致电子的外形在运动的方向发生收缩，收缩的长度与$\sqrt{1-\frac{v^2}{c^2}}$成正比。这一假设没被任何电动力学的事实所证明，但却使我们得到了一个特别的运动定律，这一运动定律在近年来被相当高的精确度所证实。

相对论导致了同样的运动定律，它不需要电子结构和行为的任何特殊的假设。本部分第十三节我们在结束斐索的实验时也得出了相似的结论，实验的结果被相对论的预言所证实，我们不需要引

① 电场：传递电荷与电荷间相互作用的物理场。电荷周围总有电场存在；同时电场对场中其他电荷又有力的作用。观察者相对于电荷静止时所观察到的电场称“静电场”。电荷和观察者有相对运动时，则不仅有电场，还有磁场出现。除电荷可产生电场外，变化的磁场也可产生电场。

② 磁场：传递运动电荷、电流之间相互作用的一种物理场。由运动电荷或电流产生，同时对场中其他运动电荷或电流发生力的作用。运动电荷、电流之间的相互作用是通过磁场和电场来传递的。永磁体之间的相互作用只通过磁场传递，但近代理论指出，永磁体的磁性也是由分子电流引起的。变化的电场也产生磁场，磁场是统一的电磁场的一个方面。

用关于液体的物理本性的假设。我们的第二类事实涉及到地球在空间中的运动能否用地球上所做的实验来观察这一问题。本部分第五节我们已谈过，所有关于这类问题所做的努力的最后结果都被否定了。在相对论提出以前，人们对于这个否定的结果很难接受，现在我们来讨论一下其中的原因。

基于对时间和空间的传统偏见，人们对从一个参考物体变换到另一个参考物体并始终占有首要地位的伽利略变换不容许有任何的怀疑。假设麦克斯韦—洛伦兹方程对于一个参考物体*K*成立，坐标系*K*和相对于*K*做匀速运动的坐标系*K'*存在着伽利略变换，那么，这些方程相对于*K'*就不能成立。由此可见，在所有伽利略坐标系中，特别运动状态的坐标系*K*必然是该系统所对应的，并且具有物理的唯一性。物理上的解释是：*K*相对于假定空间中的以太[①]是静止的，另一方面，所有相对于*K*运动的坐标系*K'*被认为都在相对于以太运动，由于*K'*相对于以太运动（相对于*K'*的“以太漂移”），因此曾假定为对于*K'*能够成立的运动定律就比较复杂。严格地讲，这样的以太漂移相对于地球来说应该假定是存在的。因此，物理学家们对探测地球表面上是否存在以太漂移的工作曾付出几个世纪的努力。

这些努力中最值得注意的是迈克尔逊设计的一种具有决定性意义的方法。我们假定在一个刚体上安置两面镜子，使镜子的镜面彼

① 以太：古希腊哲学家所设想的一种媒质。17世纪时为解释光的传播，以及电磁及引力现象又重新提出。当时认为：光是一种机械弹性波，其传播媒介是某种弹性介质，即以太。它无所不在（包括真空和任何物质内），没有质量，但有极大的刚性，而又“绝对静止”。但20世纪以来所有寻找以太的实验都归于失败。

此面对，如果整个系统相对于以太是静止的，那么光线从一面镜子射到另一面镜子然后再反射回来就需要一个确定的时间T。根据计算推出，如果该刚性参照物与镜子相对于以太是运动的，则这一过程就有一个与确定的时间T略微不同的T'。另外，计算表明，如果规定V是相对于以太运动的速度，则相对于镜子垂直平面运动的T'又与相对于镜子平行平面运动的T'又不相同，虽然它们的时间差别极其微小。不过，在迈克尔逊和莫雷利用光的干涉的实验中，完全否定了本应清楚观察得到的这两个时间的差别，这种否定让物理学家感到极为困惑。后来，洛伦兹和斐索所做的实验从困惑的局面中把理论解救了出来：物体相对于以太运动，假若使物体沿运动方向发生收缩，而这种收缩产生的量恰好足以补偿时间上的差别。如果与本部分第十二节相比较，我们可以指出：从相对论的观点来看，这种解决的方法或许是对的。但是要其解释的方法更能使人信服，则必须要以相对论为基础。按照相对论，没有什么以太漂移，也不会出现演示以太漂移的任何实验，因为并没有“特别卓越的”（唯一的）坐标系可以用来作为引进以太观念的理由。在这里，相对论的两个基本原理推导出了运动物体的收缩，而并没引进任何特定的假设。至于造成收缩的主要因素并不是运动本身（我们不能赋予运动本身任何意义），而是相对于在具体实例中选定的参考物体的相对运动。例如，如果一个坐标系与其相对物地球一起运动，则迈克尔逊和莫雷的镜面系统并没有缩短，但如果对于相对于太阳保持静止的坐标系来说，这个镜面系统的确缩短了。

十七、闵可夫斯基的四维空间

一个不是数学家的人会因听说“四维”事物而产生一种想到某种不可思议的神秘事物的惊异感。可是我们所共同居住的世界是一个四维“空间——时间连续区”却是再真实不过的事实。

空间是一个三维连续区，其意思是说，对于一个（静止的）点的位置，可以用三个数（坐标）x、y、z来描述，并且在该点的毗邻处可以有无限多个模糊且不确定的点，它们的位置可以用x'、y'、z'来描述，这些坐标的值与第一个点的坐标x、y、z的相应值非常接近。由于值接近的性质，我们说这整个区域是“连续区”。由于有三个坐标，我们说它是“三维”的。

同样，闵可夫斯基简称为“世界”的空—时观世界的这一物理现象自然是四维的。各个事件组成了物理现象的世界，而每一事件又由三个空间坐标x、y、z和一个时间坐标——时间定值t来描述。这个“世界”也是一个连续区，因为对于每一事件来说，其“毗邻”的事件（感觉或设想到的）我们可以随意选取。这些坐标x'、y'、z'、t'与最初坐标x、y、z、t之间存在差值，按经典力学的观点来看，说明时间是绝对的，也就是时间与坐标系的位置和运动状态无关。我们知道，伽利略变换的最后一个方程（$t' = t$）已经把这点表示出来了。

在相对论中，用四维方式来考察这个“世界”是很自然的，因为按照相对论的观点，时间已经失去了独立性。这由洛伦兹变换的第四方程表明。

$$t'=\frac{t-\frac{v}{c^2}\cdot x}{\sqrt{1-\frac{v}{c^2}}}$$

此外，按照这个方程，在两事件相对于K的时间差为t'，当t'等于零时，那么两事件相对于K'的时间差则不等于零。纯粹的两事件相对于K的“空间距离”成为该两事件相对于K'的“时间距离”。闵可夫斯基的发现对于相对论的公式具有重要的推导作用。另外，闵可夫斯基认识到，相对论的四维空间—时间连续区的性质在最主要的方面与欧几里得几何空间的三维连续区有明显的关系。为了使这个关系表现出来，我们引用一个与通常时间坐标成正比的虚量ict来替换时间坐标。于是，满足（狭义）相对论要求的自然界定律取时间坐标与三个空间坐标的作用完全一样的数学形式。在形式上，这四个坐标完全相当于欧几里得几何学中的三个空间坐标。即使不是数学家也会清楚地看到；正是由于这一纯粹形式上的知识的补充，使相对论能为人们所理解的程度增进不少。

通过以上并不充分的叙述，读者们能够对闵可夫斯基的重要贡献有一个模糊的概念。没有闵可夫斯基的贡献，广义相对论的基本观念或许将永远停留在襁褓之中。不熟悉数学的人对闵可夫斯基的学说无疑难于接受，但要理解狭义或广义相对论的基本观念并不需要对闵可夫斯基的学说有精深的理解，目前我先谈到这里，本书第二部分结束时我将再回过头来谈谈它。

对闵可夫斯基四维空间(“世界”)的补充

我们能更简单地将洛伦兹变换的特性表述出来，即引用假定的$\sqrt{-1}\cdot ct$代替t作为时间变量。与此一致，如果我们引入

$$x_1=x$$

$$x_2=y$$

$$x_3=z$$

$$x_4=\sqrt{-1}\cdot ct$$

对带着重号的坐标系K'也采取类似的方式，那么为使洛伦兹变换公式相等，我们的必要条件应该表示为：

$$x'^2_1+x'^2_2+x'^2_3+x'^2_4=x_1^2+x_2^2+x_3^2+x_4^2 \tag{12}$$

也就是通过上述“坐标”的选用，公式（11*b*）变换为公式（12）。

我们看到在公式（12）中，虚构的时间坐标x_4以完全相同的方式进入空间坐标x_1、x_2、x_3这个变换条件中。正是由于如此，依照相对论，“时间”x_4应与空间坐标x_1、x_2、x_3以同等形式进入自然定律中去。

闵可夫斯基称之为“世界”的四维连续区，是用“坐标”x_1、x_2、x_3、x_4来描述的，他把代表某一事件的点称为“世界点”。这样，按照物理学说法，三维空间中的“事件”就成为四维“世界”的“存在”。

这个四维“世界”近似于（欧几里得）解析几何学的三维“空间”。如果我们引入一个具有同一原点的新的笛卡儿坐标系（x_1，x_2，x_3）于“空间”之中，那么x_1、x_2、x_3就是x_1、x_2、x_3的线性齐次函数，并且等于方程

$$x'^2_1 + x'^2_2 + x'^2_3 = x_1^2 + x_2^2 + x_3^2$$

这个完善的方程与（12）类似。我们在形式上可以把闵可夫斯基“世界”看作（假想时间坐标）四维欧几里得空间、四维“世界”与洛伦兹变换的坐标系的“转动”相一致。

原子概念的演化

1945年8月6日，人类打开了黑暗的原子世界，原子的种种奥秘势将魂萦梦绕于20世纪。但“原子”成为哲学家们所关心的最神秘的东西，已有2000年之久。在古希腊哲学家德谟克利特眼里，原子是构成事物而又自身不变的物质元素或微粒；在英国物理学家卢瑟福看来，电子绕着原子转动；而奥地利物理学家薛定谔，则在爱因斯坦关于单原子理想气体的量子理论和德布罗意的物质波假说的启发下，从经典力学和几何光学间的类比，提出了对应于波动光学的波动力学方程，奠定了波动力学的基础。图中的原子，从上至下，分别为最初德谟克利特的颗粒观点；卢瑟福的电子绕原子核转动的概念；薛定谔的量子力学描述。——译者注

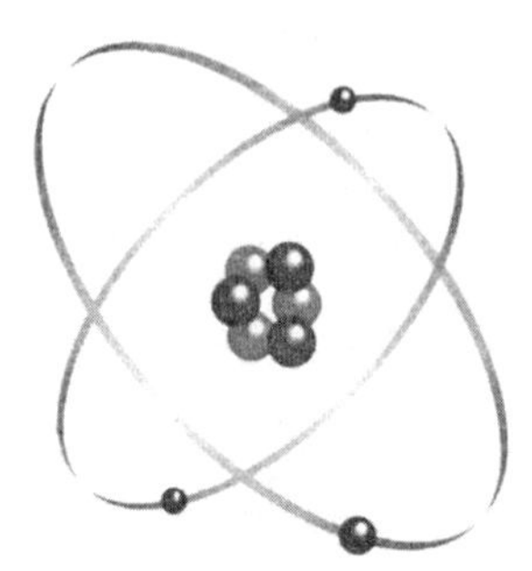

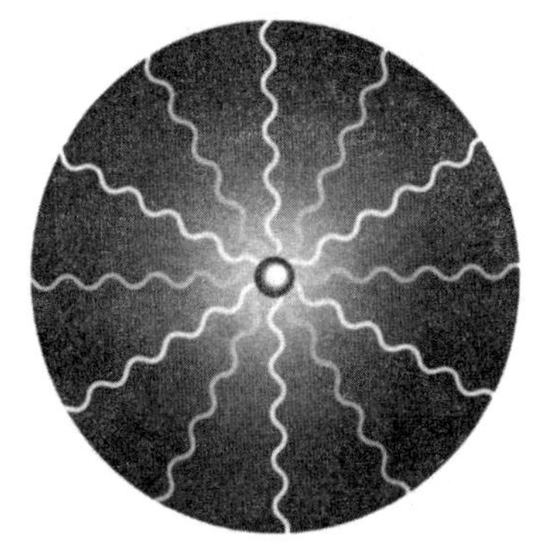

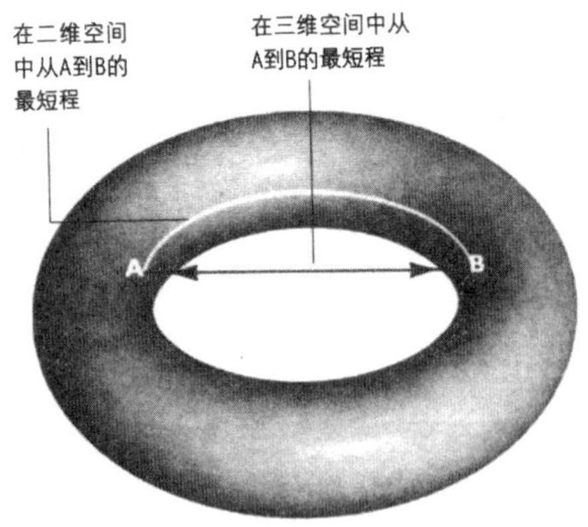

第二部分　广义相对论

一、狭义和广义相对性原理

狭义相对性原理是我们论述的中心，作为一切匀速运动具有物理相对性的原理，让我们对它的意义再一次进行小心谨慎的分析。有一点一直很清楚，从狭义相对性原理的观念来看，任何运动只能被认为是相对运动。回过头来看看路基和车厢的例子，用下列两种同样合理的方式可以表述所发生的运动：

（a）相对于路基而言，车厢是运动的。

（b）相对于车厢而言，路基是运动的。

在（a）中把路基当作参考物体，在（b）中把车厢当作参考物体，这是我们对发生的运动的陈述。如果仅仅只基于探侧或者描述运动，那么具体考察物体运动的参考物是什么在原则上并不是很重要。这一自明之理我们在前面已经提到，不过这一点并非我们的研究基础，也不能与更为广泛的“相对性原理”的陈述相混淆。

作为一种既可以让我们选择车厢也可以让我们选择路基来作为

参考物体描述任何事件的原理，我们的定律断言：如果我们用简洁的陈述来表达普遍的自然界定律时为

（a）路基作为参考物体；

（b）客车作为参考物体。

这些普遍的自然界定律（例如力学或真空中光的传播定律）在上述两种情况中的形式完全一样。这一点也可以用简洁的陈述表达如下：用物理方法描述自然过程时，在参考物体K、K'中没有一个与另一个相比是独特的（特别规划）。这与第一个陈述不同，后一陈诉并不一定根据推论成立，“运动”和“参考物体”的概念并不包含、推导出这一陈述，唯有依靠经验才能确定这个陈述是否正确。

迄今为止，我们不认为所有参考物体K能够用简洁的陈述表达自然界定律。我们的思路首先源于一个假定：一个存在的参考物体K，它所具有的运动状态相对于伽利略定律而言是成立的。即一质点若离其他质点足够远时，该质点沿直线做匀速运动。关于K（伽利略参考物体）表述的自然界定律存在最简单之处。但除K外，参照K_1表述的自然界定律也应该是最简单的。倘若这些参考物体相对于K处于匀速直线非旋转运动状态，则这些参考物体对于表述自然界定律的等效性就与K完全一样。所有的参考物体都应认为是伽利略参考物体，我们的假定相对性原理只是对于上述参考物体才有效，对于其他的（例如具有不同性质状态的参考物体）则是无效的。因此我们说这是特殊相对性原理或狭义相对论。

与之形成对照的是，我们对“广义相对性原理”的理解概括为

下列陈述：所有参考物体K、K_1等，不管其运动状态怎样，但对自然现象（表述普通的自然界定律）的描述都是等效的。在我们继续往下深入讨论前应该指出，这一陈述必须要代之以一个更为抽象的表达方式，当然，具体的缘由要到以后才会明白。

狭义相对性原理已经被证明是合理的，而每一个想证明普遍化结果而努力的人必然向广义相对性原理的方向探索前进。从一种简单且显然的考虑来看，这样一种企图就目前而论成功极为渺茫。我们还是将思绪转回匀速前行的火车车厢，在作匀速运动的车厢中，乘客是不会感到车厢的运动的。因为这个理由，他可以欣然地做出“该例子表明车厢是静止的，而路基是运动”的解释。而且按照狭义相对性原理，从物理观点来看，这种解释也是十分合理的。

如果车厢的运动现在变为非等速运动，例如猛然拉动刹车，那么车厢里的人就有一种身体倾向前方的猛烈运动，这种减速运动是物体相对于车厢里的人表现出来的一种力学运动，它与以前我们考虑的力学运动并不相同。因此，即使是对于静止或作匀速运动的车厢能成立的力学定律，也不可能对于作非匀速运动的车厢同样成立。无论如何，伽利略定律对于作非匀速运动的车厢显然是不成立的。因为这一原因，我们目前不得不暂时采用与广义相对性原理相反的做法，将一种绝对的物理实在性赋予非匀速运动，但不久后我们就会看到，这个结论显然不能成立。

二、重力场

“如果我拾起一块石头，然后放开手，为什么石块会落地呢？”通常人们的回答是：“这是因为地球有吸引力的缘故。”但是，现代物理学对这个问题则有不一样的解答，其理由在于：对电磁现象更仔细地加以研究后，我们可以看到，如果没有某种中介媒质起作用，超距作用是不可能实现的。例如磁铁吸引一块铁，我们不能就磁铁直接穿过真空对铁块产生吸引力这一解释感到满意，因而我们只有按照法拉第的方法，假定磁铁总是在它附近的空间产生某种具有物理性质的东西，我们称为“磁场”。磁场作用于铁块，使铁块总是朝着磁铁移动。严格地说，这是一个枝节性的概念，我们姑且不讨论这个有些任意的概念是否合理，只是稍稍提及一下，电磁现象的理论表述借助这个概念，要比不借助这个概念满意得多，对于电磁波的传播来说更是如此。我们可以用类似的方式来看待万有引力[①]。

① 万有引力：物体间由于质量而引起的相互吸引力，这种力存在于地球万物之间。地面上物体所受到的地球对它的吸引力，就是万有引力。牛顿在开

地球对石块产生的作用是间接的。环绕地球周围产生了一个引力场，引力场对石块起作用，引起石块的下降运动。我们从经验中了解，当我们远离地球时，地球对物体的作用的强度以一个相当明确的定律减小，从我们的观点来观察意味着：支配空间引力场的性质的定律必须是一个完全确定的定律，它可以准确地表述引力作用是怎样因物体与受作用物体间的距离的增加而减小的。我们可以这样说：物体（例如地球）在其附近最接近处直接产生一个场，支配引力场本身与电场和磁场形成对比，引力场有一种对下面的论述具有十分显著和重要意义的性质。运动的物体在一个引力场独一无二的影响下，得到了一个与物体材料和物理状态都毫不相干的加速度[①]。例如，一块铅锤和一块木头在一个引力场中，如果它们以静止状态或以同样的初速度开始下落，它们下落的方式将完全相同（在真空中）。这个定律是极其精确的，可以根据下列另一种不同的形

普勒定律和自由落体定律的基础上首先肯定了这样一种吸引力的存在，并确定了质量分别为m_1和m_2，相距为r的两质点间，这力的大小为$F=Gm_1m_2/r^2$。其中G称为“引力常数”，等于$6.67259\times11^{-11}m^3/(kg\cdot s^2)$。地面上两物体间的万有引力，一般很小，但对质量大的天体，这个力就很大，例如地球和太阳之间的吸引力大约为3.56×10^{22}牛顿，这样大的力如果作用在直径9000千米的钢柱两端，可以把它拉断。万有引力定律的发现奠定了天体力学的基础，揭示了天体运行的基本规律，从而解释了极多的地面现象和天体现象。例如哈雷彗星、地球的扁形，预测了海王星、冥王星的位置等。它也是宇宙航行计算的基础。

① 加速度：描述速度变化的快慢和方向的物理量。速度的变化与这变化所用时间的比值，称为这段时间的“平均加速度”。如果这一时间极短（趋近于零），这一比值的极限称为物体在该时刻的加速度或“瞬时加速度”。加速度是矢量，它的方向就是速度变化的极限方向，常用单位为m/s^2、cm/s^2等。

式来表述。

按照牛顿运动定律，我们有：

力=惯性质量×加速度

其中“惯性质量”是加速物体的特征常数。如果引力作用是引起加速度的原因，我们有：

力=引力质量×引力场强度

其中“引力质量”同样是物体的特征常数。从这两个关系式得出：

$$加速度=\frac{引力质量}{惯性质量}\times引力场强度$$

如果我们从经验中发现，加速度与物体的种类和状态无关，而且在同一个引力场下，加速度总是相同，那么引力与惯性质量的比对于一切物体而言也是一样的。适当地选择单位，我们可以使这个比值相一致，我们因而就得出物体的引力质量等于其惯性质量这一定律。这个定律过去确实在力学中已经存在，但是没有得到解释。我们唯有承认物体的相同的性质，按照不同的处境表现为“惯性”或“重量”这一事实才能得到满意的解释。我们将在下一节说明这个情况的真实程度，以及这个问题与广义相对性的假设是如何联系起来的。

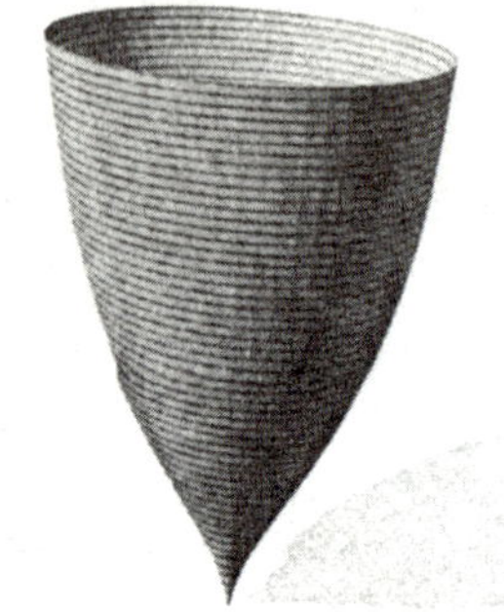

双暴胀可以怀有智慧生命

我们自己的宇宙现在继续膨胀

时空弯曲　合成图片

爱因斯坦广义相对论的基本论点是：引力来源于弯曲。正是太阳或日其质量，引起或迫使其周围的空间发生了弯曲（或者说产生了引力）。正是“空间弯曲”影响着行星和光的运动。使它们不按照牛顿力学所描述的方式而是不得不按照现在实际存在的方式运动。

——译者注

三、惯性质量和引力质量相等是广义相对性公设的论据

我们设想在真空中有一个巨大的物体，而且距离众多的星体和其他可感知的质量非常遥远，已经接近伽利略基本定律所要求的条件，我们可以为这部分空间（世界）选取一个伽利略参考物体，使对处于静止状态的点继续保持静止状态，对作相对运动的点永远保持匀速直线运动。我们把一个类似于房子的极宽大的箱子当作参考物体，在里面有一个配备仪器的观测者。对观测者来说，引力①是不存在的，除非他用绳子把自己牢牢拴在地板上，否则只要有轻微的碰撞他就会向房子的天花板方向慢慢地漂浮起来。

在箱盖正中有一个系有绳索的吊钩，设想有一“生物”（是何种实质的生物我们无须考虑）开始以恒力用力拉这根绳索，于是箱子及观测者一律开始作匀加速的“向上”运动。倘若从另一个参考物体来观察，我们会看到，随着时间的推移，它们的速度将会达到

① 引力：物体受到拉力作用时，存在于其内部而垂直于两相邻部分接触面上的相互牵引力。

一个未可预知的值。

但是箱子里的人经历了怎样一个过程呢？观测者接受的加速度是通过箱底的反作用力得到的，如果他不愿意在箱底像喝醉了似的漂浮起来，那么就必须在箱子里能够有固定的支撑点。所以，他在箱子里实际上与在地球上的房间里完全一样。如果他松手放开握在手中的一个物体，没有了箱子施予加速度的物体必然作加速相对运动而落到箱底。因此观察者将会进而断定，不论用来做实验的物体是什么，它向箱子底板的加速度总是有相同的量值。

观测者依靠对引力场知识的了解（如同在前面部分所讨论的），他将会得出一个结论：他和箱子处于一个引力场中，这个引力场对于时间而言是恒定不变的，当然他也会为箱子为什么在这个引力场中并不下落而疑惑。但当他发现箱盖的钩子上系着绳索后，就会得出箱子是静止地悬挂在引力场中的结论。

我们是否应该一笑置之，说这个人的结论错了呢？我认为我们不应该这样说，如果我们希望能保持一致的话。我们必须认可，他的思想方法既不违反理性，也不违反众所周知的力学定律。即使我们先认定箱子相对于“伽利略空间”在做加速运动，但也能够认定箱子是在静止中。相对性原理囊括了所有相互做加速运动的参考物体，这也是相对性公设推广的一个强有力的论据。

我们必须充分且谨慎地看待这种解释方式的可能性，这种解释的基础由引力场使一切物体得到同样的加速度这一基本性质而来。换句话说，它是以惯性质量和引力质量相等这一定律为基础所得出的。如果这个自然定律不存在，那么处在做加速运动的箱子里的人就不可能假定出一个解释周围物体行为的引力场来，也无任何理由假定他的参考物体是“静止的”。

假如箱子里的观测者在箱盖里面固定好一根绳子，然后在绳子的另一端拴上一个物体，绳子受张力而使该物体“竖直地”悬浮。如果我们寻找一下致使绳子产生张力的原因，箱子里的人会说：“引力场中向下的力作用于面，稳定在空中的自由观察者对这一情况的解释是：“绳子必然参与箱子的加速运动，并传送此运动到拴在绳子上的物体。紧绷的绳子张力的大小正好足以引起物体的加速度。物体的惯性质量决定了绳子张力的大小。”这个例子可以看出，惯性质量和引力质量相等这一必然的定律隐含在相对性原理的推广中，我们也得到了这个定律的一个物理解释。

对做加速运动的箱子的讨论使我们看到，广义的相对论对引力诸定律产生的重要结果是毋庸置疑的。实际上，对广义相对性观念的全面研究已经为引力场补充了好些定律。在继续物体，又为绳子的张力所平衡，所以该物体悬浮在空中。决定绳子张力大小的是悬浮物体的引力质量。另一方谈下去以前，我必须对读者发出警告，切不可全盘接受这些论述，因为在其中隐含了一个错误的概念。对于最初选定的坐标系，并没有 ·个引力场，但对于箱子里的人却存在有这样的场。于是我们可能会很容易地假定，引力场的存在永远只是唯一的表观存在。我们同样也可以认为，不论何种引力场存在，我们总能选取另一个参考物体，使得引力场对于该参考物体而言是不存在的，当然，这绝不是绝对的断言，而仅仅是对具有十分特殊的形式的引力场才成立。例如，我们不可能任意选取一个参考

物体，而由该参考物体来判断地球的引力场（完整的）会为0。

现在我们能够认识到，为什么我们在本篇第一节所叙述的观察者由于刹车而感到有一种朝前的冲动，而且认识到车厢的非匀速运动（阻滞）。但是没有任何人强迫他把这种朝前的冲动感归于车厢“真实的”加速度（阻滞），因而他可以这样解释他所经历的事件：“我的参考物体（客车车厢）一直保持静止状态。但是，相对于这个参考物体而言，存在有（在刹车期间）一个方向向前的，而且对于时间而言是可变的引力场。在这个场的影响下，路基连同地球以它们向后的原有速度在不断减小的速率中做非匀速运动。”

粒子的裂变　示意图

人们制造了大能量的加速器来加速电子或质子，企图用这些高能量的粒子作为炮弹轰开中子或质子来了解其内部结构，从而确认它们是否是“真正的基本粒子”。但是，令人惊奇的是在高能粒子轰击下，中子或质子不但不破碎成更小的碎片，而且在剧烈的碰撞过程中还产生许多新的粒子，有些粒子的质量比质子的质量还要大，因而情况显得更为复杂。

——译者注

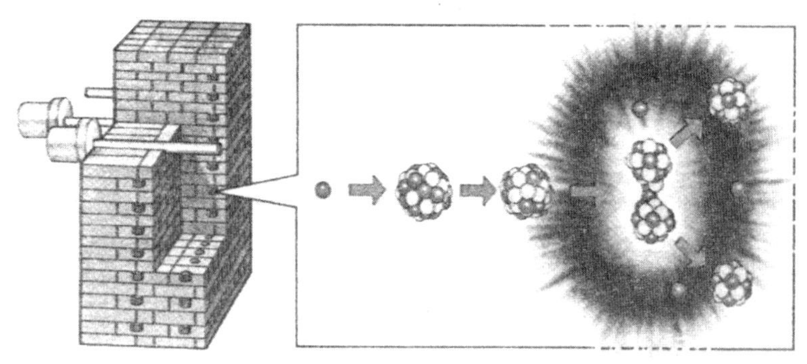

四、经典力学和狭义相对论的基础有哪些不能令人满意的方面

我们已经说过，经典力学从以下定律出发：远离其他物质粒子的质点继续做匀速直线运动或继续保持静止状态。我们也再三强调，这个基本定律仅仅对一些具有某些特别的运动状态并相对作匀速平移运动的参考物量体*K*才有效。相对于其他作平移直线运动的参考物体，这个定律就失效。所以在经典力学和狭义相对论中，我们都把二者区分开来。公认的“自然界定律”相对于参考物体*K*来说是成立的，而相对于另一些参考物体*K*，则这些定律不成立。但是，凡是思维模式合乎逻辑的人是不会满意此种解答的，他会问：“为什么认为某些参考物体（或它们的运动状态）比另一些参考物体（或它们的运动状态）要优越，此种偏爱的理由是什么？”为了让我的问题更为明朗清晰，我来做一个比喻。

假如我站在一个煤气灶旁。灶上并排放着两个非常相像且都盛着半锅水的平底锅。我注意到蒸汽从一个平底锅中不断冒出，而另一个锅则没有。对此情况我会感到惊讶，即使如果我以前从没有过

煤气灶或平底锅，也会感到奇怪。但如果我注意到在第一个平底锅下有蓝色的光，而另一个锅底下则没有，那么我不会再感到惊奇，即使以前我从来没见过煤气火焰。我敢说，是这种带蓝色的火焰使平底锅里冒出蒸汽，或者至少有这种可能。可是如果我注意到两个平底锅下都没有带蓝色的火焰，而且其中一个锅还在不断地冒出蒸汽，而另一个锅则没有，那么我将感到惊讶和迷惑，直到有明确的答案说明为什么这两个非常相像的平底锅有不同的表现为止。

类似的，在经典力学（或狭义相对论）中，为什么相对于参考系K和K_1，来考虑时物体会有不同的表现这一问题，我没有找到什么实在的东西来说明。牛顿看到了这个缺陷，并曾试图使它趋于无效状态，但是没有成功。只有马赫看得最清楚，正因为如此，他宣称必须把力学放在一个新的基础上。借助与广义相对性原理一致的物理学，我们能够消除这一缺陷，因为这一理论的方程，对于不论其运动状态如何的一切参考物体，都是成立的。

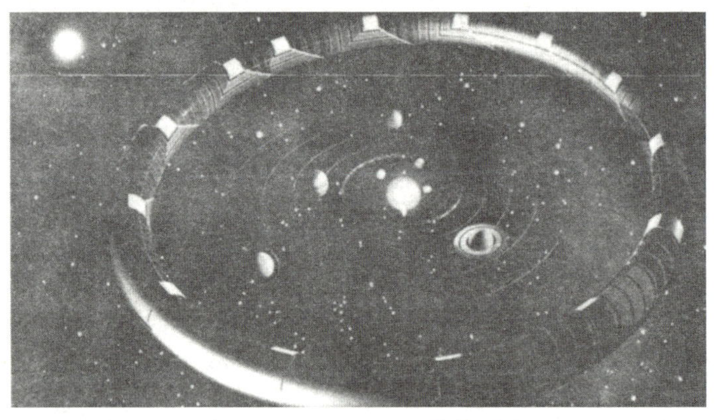

探测普朗克长度　合成图片

需要用于探测普朗克长度那么小的距离的加速器的尺度会比太阳系的直径还要大。

——译者注

五、对广义相对性原理的几个推论

上一节表明，广义相对性原理能够在纯理论方式下推出引力场的性质。让我们来猜想一下，例如，我们已经知道任一自然过程的空间—时间“进程”在伽利略区域中相对于一个伽利略参考物体K是如何发生的，借助于纯理论方式（仅仅只凭计算），我们能够断定在这已知的自然过程中，相对于K_1做加速运动的参考物体K，是如何去观察表现的。由于这个新的参考物体K_1存在有一个引力场，我们也必须考虑引力场是如何影响我们的研究过程的。

例如，我们知道，相对于K（与伽利略定律相一致）做匀速直线运动的物体，相对于K_1（箱子）不仅做加速运动，而且还作曲线运动。此种加速度或曲率相对于K存在的引力场对运动物体有所影响。引力场对物体运动的影响大家都已经知道，所以这一考虑并没为我们提供任何新的本质上的结果。

然而，如果我们对一道闪烁着的光线进行类似的考虑就得到一个新的、有基本重要性的结果。对于伽利略参考物体K，这一道光线沿直线以速度c传播。很容易就能证明，光的路线不再是一条直线，我们相对于作加速运动的箱子（参考物体K_1）来考察时可以明了这一点。从该事件中我们得出结论，引力场中的光线一般沿曲线[①]传播。这一结果在两个方面凸现出它的重要意义。

首先，它可以同实际相比较。虽然对这个问题，按照广义相对论的探究表明，光线穿过我们在实际运用当中能够加以利用的引力场时，其曲率[②]是极其微小的，但以掠入射方式经过太阳的光线，其曲率的估计值达到1.7″。这应该以下述方式来证明：从地球上观察，某些恒星与太阳相隔并不遥远，因此它们在日全食时能够加以观测。当日全食时，这些恒星在天空中的视位置与当非日全食时太阳的视位置相比，应该偏离太阳。这一个极其重要的推断，它的正确与否，希望天文学家能够予以早日解决。

其次，我们的结果说明，依照广义相对论，作为狭义相对论中两个基本假定之一的真空中光速恒定定律的有效性不能被认为是无限有效的，只有光的传播速度因位置改变时才发生光线的弯曲。

---

① 曲线：在平面上或空间中按一定条件随时间（或另外的单个参数）而变动的动点的轨迹。例如，平面上一动点到一定点的距离保持不变的轨迹是圆，曲线按照它位于平面上或空间中分别称为“平面曲线”或“空间曲线”。

② 曲率：描述曲线弯曲程度的量。对于曲线上的一点P，取它的两个邻近点Q和R，过这3点作一个圆。当Q、R沿曲线接近于P时，如果这个圆有一个极限位置，则称这个极限圆为曲线在点P的“曲率圆”，它的中心称为“曲率中心”，半径称为“曲率半径”，曲率半径的倒数称为“曲率”，曲率愈大，表示曲线的弯曲程度愈大。

由于这种情况，我们或许会认为，包括狭义相对论在内的整个相对论，都要归于尘土，流于空谈。但事实并非如此，我们能做出的结论是：狭义相对论的有效性并非是无止境的，狭义相对论的结果只有在不考虑引力场对现象（例如光）的影响时才能成立。

由于对相对论持相反意见的人常说狭义相对论颠覆了广义相对论，因此用一个比较恰当的例子来把这个问题的实质弄得清楚明晰是十分明智的。在电气力学发展以前，静电学①定律被看作是电学定律。现在我们知道，如果要从静电学出发，正确地推导出电场，那么电质量只有在处于相互状态并与坐标系完全保持静止状态的情况下才能证明，而这在严格的情况下是永远不会实现的。难道由于这个理由，静电学被电气力学的麦克斯韦方程推翻了吗？一点也不。作为一个有限制性的定律，电气力学定律直接得出静电学定律是在“场”不随时间改变这一情况下。这是一个任何物理理论都没获得的更好的命运了，一个理论本身指出创立了一个更为全面的理论，在这更为全面的理论中，原来的理论作为一个受限制的理论继续存在下去。通过对光的传播事例的讨论，我们看到，广义相对论能够从理论上演绎出引力场对已知自然过程这一进程的影响，而广义相对论提供的最令人瞩目的是关于对引力场本身所满足的定律的研究，这是解决这一问题的钥匙。让我们对此考虑考虑。

① 静电学：研究“静止电荷”的特征及规律的一门学科，是电学的领域之一。静电是指静电荷，是称呼电荷在静止时的状态，而静止电荷所建立的电场称为静电场，是指不随时间变化的电场。该静电场对于场中的电荷有作用力。

我们熟悉了空间—时间这一经过适当选取参考物体后表现为（近似地）“伽利略”形式的没有引力场的区域，如果相对于一个作任何运动的参考物体K_1来考察的话，那么相对于K_1存在有一个对于空间和时间是可变的引力场，这个场的特性取决于K_1所选定的运动。广义相对论认为：按照普遍的引力场定律产生的所有引力场都必须被满足。当然，并不是所有的引力场都是如此产生的，但我们仍然对普遍的引力定律能从一些特殊的引力场推导出来抱有希望。虽然我们的希望已经以极其完美的方式实现，但从认清到完全实现，是经过重重探索及克服许多困难之后才达到的。我不敢对读者避而不谈这个问题的深刻意义，反之，我们需要进一步阐述空间—时间连续区的观念。

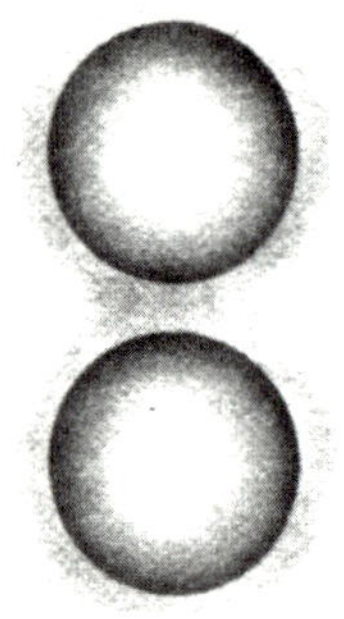

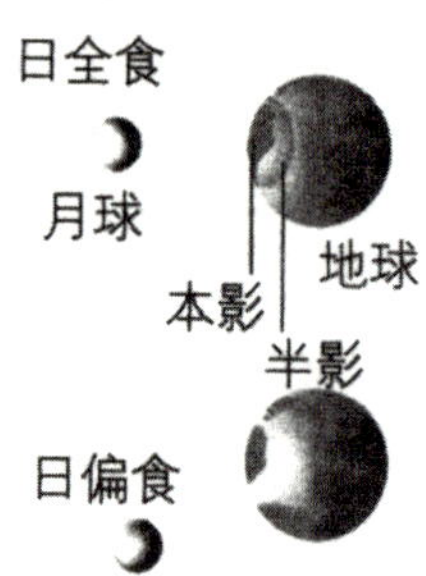

日全食与日偏食　合成图片

日食之时，月球会在地球表面投射一个小的黑影，即本影，日全食便会发生在此黑影所涵盖的区域内。在外围半影区域中的观测者只能看到日偏食。　——译者注

六、在旋转的参考物体上钟和量杆的行为

迄今为止，由于我故意不谈空间和时间数据的物理解释，其结果是我在广义相对论的论述中犯了一些懒散的毛病，而这种毛病在狭义相对论中绝不是不重要和可以原谅的。现在是疗救的时候了，但开始之前，我要声明一点，这个问题将考验读者的忍耐力和抽象能力。

让我们还是回到以前经常引用的十分特殊的情况中来。在考虑一个相对于参考物体K（其运动状态已适当选定）不存在引力场的空间—时间区域时，对这个区域而言，K就是一个伽利略参考物体，而且狭义相对论的结果对于K是成立的。我们假定以另一参考物体K_1来考察这个区域，K_1相对于K做匀速转动。为了使观念确定，我们设想K_1是一个平面圆盘，它在其本身固有的平面内围绕圆心做匀速转动。离开盘心的一个观察者感受到沿径向外作用的力，相对丁参考物体K保持静止的观察者就会认为这个力是一种惯性效应离心力[①]。但是，根据广义相对性原理，圆盘上的观察者可以把圆盘当作

① 离心力：以匀速转动系统为参考系时附加于系统内物体的惯性力，又称惯性离心力。设此旋转系统的角速度为ω，静止在这系统内的物体，如其质

一个“静止”的参考物体。他把对它起作用的，而且实际上对所有相对于圆盘保持静止的物体的都起作用的力看作是引力场的效应。然而，按照牛顿万有引力理论，这个引力场的空间分布似乎是不可能的。但是由于观察者相信广义相对论，所以这一点并没妨碍他的思考。他有相当正确的理由相信一个普遍的引力定律能够建立起来——该引力定律不仅可以正确地解释众星的运动，而且可以正确地解释观察者所体验到的力场。

这个观察者为了得出确切的定义来表达相对于圆盘K_1的时间数据和空间数据的含义，于是便在圆盘上用时钟和量杆做实验。这些定义的基础源于他的观察，他又是怎样做的呢?

首先他将两个同一构造且相对于圆盘保持静止的时钟放在圆心及圆盘的边缘，我们现在来自问自答，从非旋转性的伽利略参考物体K的立场来看，这两个时钟的快慢是否是相一致的呢?我们从参考物体去判断，圆盘中心的时钟并没有速度，而由于圆盘的转动，相对于K的圆盘边缘的时钟是运动的。从上一章第十二节的结果可以得知，圆盘边缘的时钟永远比圆盘中心的时钟走得慢，也就是从参考物体K去观察，情况就会如此。显然，在圆盘中心的观察者也会得到同样的效应。因此，在圆盘上，或者说在每一个引力场中，时钟走得快慢与否，要看时钟（静止）所放的位置。正是由于如此，合理

量为m，离转轴的距离为r，则从惯性系来看，客观存在一个其值为$mr\omega^2$的向心力迫使该物体转动。而从随之转动的非惯性系来看，该物体保持静止，要附加一个和向心力大小相等、方向相反的力，以维持表观的平衡。此力即惯性离心力。如果物体在此非惯性系内以v运动，则还受到和v、ω有关的另一种惯性力支配，即科里奥利力。

的时间定义不可能通过借助相对于参考物体静止地放置的时钟来得出，想要在这样的例子中引用最初的同时性定义有同样的困难，但我对这一问题不想再进行更深层次的讨论。

此外，空间坐标的定义在这个阶段也出现难以克服的困难，如果观察者采用他的标准量杆（一根与圆盘半径相比很短的杆）放在圆盘边缘与圆盘相切，根据伽利略坐标系来判断，这根杆的长度将小于1，因为在上一章第十二节中，运动的物体发生收缩是在运动的方向。另一方面，如果把标准量杆沿圆盘半径置放，从参考物体K判断，量杆不会缩短。如果观察者用量杆先测量圆盘的圆周，然后测量圆盘的直径，两者相除后，所得到的商并非是大家熟知的π=3.14……，而是一个更大的数。对于相对于K保持静止的圆盘，π值则会准确地得出。这说明在转动的圆盘，或者说在一个引力场中，欧几里得几何学的命题并非都是能严格成立的。如果把量杆在一切位置和每一取向的长度都算作1的话，那么直线的概念也就无任何意义。所以我们在讨论狭义相对论时所使用的方法，不能被相对于圆盘严格地作坐标x、y、z的定义所借鉴。在这一事件中，只要时间和坐标的定义没有详细给出，我们就不能指出在任何自然定律中出现的事件的严格的意义。

因而所有我们以前立足于广义相对论得出的结论似乎也就有了问题，在实际中我们必须制造一小巧妙的便捷之道才能严格地应用广义相对论公设。我在下列章节将帮助读者对此做好准备。

七、欧几里得和非欧几里得连续区域

一张表面是大理石的巨大桌面在我面前展开，我可以在这个桌面从一点到达任何其他一点，即连续从一点指向“邻近的”另一点，并可反复这个过程若干（任意）次。换句话说，点对点的运动无须从一点“跳跃”到另一点。我想读者一定能清楚明白所说的“邻近的”和“跳跃”的意思（如果他不过于书生气的话）。我们明确地把这一明显的性质来描述桌面的一个连续区。

我们既然已经设想了许多长度相等的小棍，它们的长度同表面为大理石板的桌面相比是相当短的。这儿的长度相等，指的是把其中的一个小棍与另一个小棍彼此垂直，它们的上下两端都能重合。其次，我们取四根小棍在桌面上构成一个对角线长度相等的四边形（正方形），为了保证对角线相等，另外的一根小棍将成为我们的测量棍。然后我们把相似的另外一些正方形加到这个正方形上，每一个正方形都有一边与第一个正方形共有。对于这些正方形我们都采取相同的做法，直到最后整个桌面都铺满了为止。在这一排列中，每一正方形的每一边都隶属于两个正方形，每一隅角都隶属于四个正方形。

如果尽力避免在困惑中迷失方向而把这项工作做好的话，我们会发现当三个正方形相会于一隅角时，第四个正方形的两边就已经给出。因此，这个正方形另两边的排列位置也就完全确定，但是这时已经我不能安排合适的角度使这个四边形的两根对角线相等。如果这两根对角线自己趋向相等，那么我就只能怀着感激的心情将这一切归咎于大理石板和小棍的特别恩赐而惊奇不已。我们必须经历许多这样的惊奇，如果上述解释是正确的话。

如果每件事都进行得真实而平稳，那么大理石板上的诸点对于小棍而言构成一个欧几里得连续区域，这里的小棍被习惯性地当作“距离”（线间隔）使用。选取正方形的一个隅角作为“原点”，我能将任一正方形的任意隅角相对于原点的位置用两个数来表示。我仅仅需要声明的是，我从原点出发，继续向“右”走和向“上”走，经过了多少根杆子才能到达所考虑的正方形的隅角呢？这两个数就是“笛卡儿坐标系”的“笛卡儿坐标”，由隅角相对于排列的小杆而确定。

如果改变一下这个抽象的实验，我们会认识到一定会出现实验不能成功的案例。我们假定这些杆子是“膨胀”的，膨胀的量值与温度升高的量值成正比。我们使大理石板的中心部分变热，但外围的热量不变，在此情况下，我们仍然能使两根小棍在桌面上的每一位置相重合。但在加热期间我们的正方形必然会受到扰乱，因为桌面中心的小棍膨胀了，而外围部分的小棍则不膨胀。

我们将小棍定义为单位长度。这块大理石板是一个非欧几里得连续区，而且我们的小棍也不可能被借用来定义笛卡儿坐标，因为上面的作图法不能够完成。但是由于有一些其他的东西并不像受桌子温度影响的小棍般（或许丝毫不受影响），因而我们有可能对下述观点持自然的支持态度，即大理石板仍是一个“欧几里得连续区”，所以我们要满意地实现欧几里得连续区，就必须对长度的量度或比较作一个更为巧妙的约定。

但是如果把各种杆子（例如各种材料所制的）放在冷热不均的大理石板上时，它们对温度的反应都是相同的。如果除了杆子之外，我们没有其他的方法来探测温度，于是我们最好的办法就是：只要能够使我们的一根杆子的两端与石板上的两点的距离相重合，我们就将该两点之间的距离定义为1。因为如果不如此，我们将在对距离下定义上犯任意独断的错误。所以，我们只有舍弃笛卡儿坐标，而以不采取欧几里得几何学对刚体的有效性这一方法来代之。读者们将会看到，这里所描述的情形符合广义相对性公设（第二部分第六节）。

八、高斯坐标

高斯坐标分析问题的方法与几何方法结合起来可由下述途径达成。设想我们在桌面上画一任意曲线系u，并且每一根曲线用一个数来标明。图中的曲线有u=1、u=2和u=3，假如在u=1和u=2之间有无限多的曲线而且这些曲线对应于1和2之间的实数，于是我们得到一个“无限稠密”的、布满整个桌面的u曲线系。

这些u曲线系是彼此不相交的，并且通过桌面上的每一点的曲线都是仅有的、独一无二的，这样，桌面上的每一点都有一个确定了的u值。以同样的方式画一个所满足的条件与u曲线相同的v曲线系于桌面，v曲线标有的数字以及其任意形状与u曲线一致。

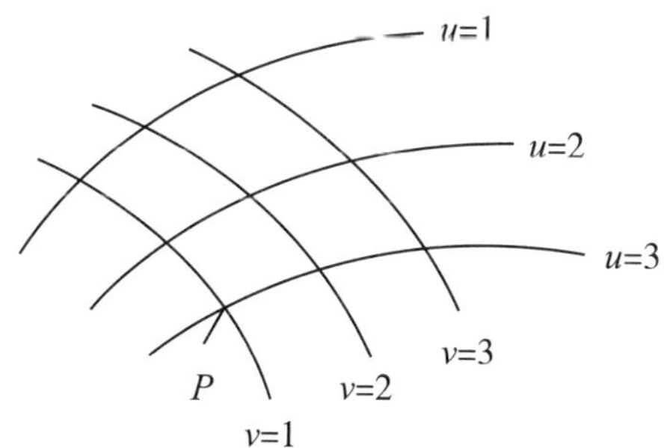

于是，桌面上除了u值外，还有一个V值，这便是我们称之为的桌面的坐标（高斯坐标）。例如，图中的p点就有u=3，v=1这一高斯坐标，桌面上相邻的P和P'就有其各自对应的坐标：

$$p：u，v$$

$$p：u+du，v+dv$$

这里的d_u和d_v是标记很小的数。依此类推，我们可以好似把一根小棍当作量杆般，用ds这一很小的数表示P和P'的线间隔距离，根据高斯的记述，我们有：

$$ds^2=g_{11}du^2+2g_{12}udv=g_{22}dv^2$$

这里的g_{11}、g_{12}、g_{22}，取决于u和v的量，是一种完全确定的方式。这三个量，g_{11}、g_{12}、g_{22}是决定量杆相对于u和v的曲线的行为，亦是决定量杆相对于桌面的行为。我们所考虑的桌面上的诸点相对于量杆构成了一个欧几里得连续区。只有在产生这一连续区的情况下，我们画出或用数学公式简单地将u曲线和v曲线表示出才有成功的可能。现在，我们用数字表述如下：

$$ds^2= du^2+dv^2$$

这个公式说明：在所表述出来的条件下，u曲线和v曲线是欧几里得几何学里相互垂直的直线，而且高斯坐标亦成了笛卡儿坐标。很明显，高斯坐标在这里表现出的是彼此相差极微的数值与“空间中”相邻的点的一种连续统一的关系。

这些对二维连续区的论述迄今为止是成立的，但高斯的方法也可运用于更多的连续区，如三维、四维或多维等。对一个四维连续区，我们可以这样来表示：我们取任意四个数值x_1、x_2、x_3、x_4，它们如果与四维连续区中的每一点都是连续统一的，就被称为“坐标”，相邻的点与相邻的坐标值相对应。被物理的观点测量和明确了的距离ds与相邻的点P和P'的值相符合的话，那么下式成立：

$$ds^2=g_{11}dx_1^{\ 2}+2g_{12}dx_1dx_2+\cdots+g_{44}dx_4^{\ 2}。$$

其中，作为一个等量的值，g_{11}随连续区中位置的变化而变化，要使坐标$x_1\cdots x_4$与这个连续区的点有连续统一的关系，必须得使该坐标是一个欧几里得连续区，如果关系式成立，我们便有：

$$ds^2=dx_1^{\ 2}+dx_2^{\ 2}+dx_3^{\ 3}+dx_4^{\ 4}$$

这一情况表明，一些与三维测量相似的关系同样适用于四维连续区。

但在用高斯方法表述ds^2时，其主要问题是必须使我们所考虑的连续区中各个极其微小的区域都被看作是欧几里得连续区，这一并不经常适用的方法才有可能成立。在考虑大理石桌面和局部温度受热不均匀而产生变化这一点上，这种方法是成立的。温度被桌面的一小部分面积视为恒量，因而欧几里得几何学的法则就通过小棍的几何行为表现出来。当用正方形作图法作图，其作图的面积占桌面极大部分时，它的缺陷便明显地显露出来。对此，我们的总结是：高斯对一般连续区的表述，发明出了一种数学的方法，在其中他定下了“大小关系”（相邻点的距离）的定义。对于一个不论是多少维的连续区中的每一点，高斯皆以若干数字标出（高斯坐标），每个点所标的数字是独一无二且相邻点之间亦以一个彼此之间无穷小的数（高斯坐标）来标出。高斯坐标既是笛卡儿坐标系的推广，也适用于非欧几里得连续区。当然，这一适用是有限制的，也只有在相对于既定的“大小”或“距离”的定义中，以及所考虑的连续区中各个区域部分越小，表现得越像一个真正的欧几里得系统时才有用。

九、狭义相对论的空间—时间连续区可以当作欧几里得连续区

闵可夫斯基只在本部分第十七节中含糊地谈到的一个观念，我们现在已经有更严谨的表述方法。按照狭义相对论，对于四维空间—时间连续区，我们要优先用被我们称为“伽利略坐标系”的某些坐标系来描述。这些坐标系在确定一个事件，或者说在用x、y、z、t四个坐标确定四维连续区中的一个点时，在物理意义上具有简单的定义，对此第一部分已有所论述。洛伦兹变换方程的完全有效性，在于从一个伽利略坐标过渡到相对于这个坐标系做匀速运动的另一个伽利略坐标。作为表述光的传播定律对于一切伽利略参考系的有效性，洛伦兹变换方程是构成从狭义相对论导出推论的基础。

闵可夫斯基发现洛伦兹变换满足下列简单条件。让我们考虑两个在四维连续区中的相对位置，是参照伽利略参考物体K，用空间坐标差dx、dy、dz和时间差dt来表示的相邻事件。我们假定它们参

照另一伽利略坐标系的差为dx_1，dy_1，dz_1，odt_1。那么这些总是满足条件：

$$dx^2+dy^2+dz^2-c^2dt^2=dx_1^{\ 2}+dy_1^{\ 2}+dz_1^{\ 2}-c^2dt_1^{\ 2}$$

这个条件确定了洛伦兹变换的有效性，对此我们说：属于四维空间—时间连续区两个相邻点的量

$$ds^2=dx^2+dy^2+dz^2-c^2dt^2$$

对于一切选定的（伽利略）参考物体的值都相同。如果用x_1、x_2、x_3、x_4代换x、y、z、$\sqrt{-1}\cdot ct$，也会得出同样的结果：

$$ds^2=dx_1^{\ 2}+dx_2^{\ 2}+dx_3^{\ 2}+dx_4^{\ 2}$$

即与参考物体的选取无关。量ds为两个事件或两个四维点之间的“距离”。

因而如果我们将选取的虚量作为时间变量，$\sqrt{-1}\cdot ct$ 就可以按照狭义相对论把空间—时间连续区当作一个“欧几里得”四维连续区，该结果可由前节论述推出。

十、广义相对论的空间—时间连续区不是欧几里得连续区

在本书的第一部分中，我们对狭义相对论简单而直接的物理性解释是基于空间—时间坐标之上的，这种空间—时间坐标在本部分第九节是四维笛卡儿坐标，而这样做的基础建立于光速恒定定律。但是按照本部分第四节，这个定律不适于广义相对论。根据广义相对论，我们得出，光速依赖于坐标的依据是必须存在有一个引力场。在本部分第六节对个具体例子进行讨论时，我们发现，正是由于引力场的存在，我们用来解释狭义相对论的坐标和时间的定义便失效了。

由于考虑到这些结果，我们于是深信，依照广义相对论，不能把空间—时间连续区认为是一个欧几里得连续区。我们认为是一个二维连续区的，只有在大理石板上局部温度存在变化的这一例子。在那里，等长的杆不能构成一个笛卡儿坐标系，因此这里的系统（参考物体）也不可能用刚体和钟建立，使得量杆和钟在严格地做

好安排的情况下直接指示位置和时间。这种困难的实质我们在本部分第六节中曾经遇到过。

但是上述本部分第八和第九节的论述给我们指出了战胜困难之路。当我们提及四维空间—时间连续区时，高斯坐标将是该连续区的一个可任意利用的参照坐标。我们指派连续区的每一个点（事件）为四个数x_1、x_2、x_3、x_4（坐标），这些数连最小的物理意义都没有，它们仅有的目的是以编号的方式将连续区的各点明确而任意地标出，它们的排列方法不需要把x_1、x_2、x_3当作“空间”坐标，一定要把x_4作为“时间”坐标。

读者或许会认为，用这样一种方式来对世界进行描述显然是极其不严谨的。如果作为特定坐标的x_1、x_2、x_3、x_4本身无丝毫意义的话，那么将一个事件用这些坐标表示又有何意义？然而，更加小心的考虑说明，这种担忧是没有理由的。以我们正在考虑的一个正在作任意运动的质点为例，如果这个点只是刹那间存在，而没有一个持续期间，那么该点在空间—时间的描述，即由单独的x_1、x_2、x_3、x_4表示。因此对于永久的点，对其描述的数值必须有无穷多个，并且其坐标值必须紧密相连，以便能显示出连续性，与此质点相对应的便是四维连续区中的一条（单一空间的）线。同样的，任何这样的线，必然也与连续区中许多运动的点相对应。唯一需要注意的是，对这些点的具有物理存在意义的陈述，只局限于对质点间相遇时的描述。用数学的方法来阐述，就是两条代表了点的运动线各有特殊的坐标值x_1、x_2、x_3、x_4是公有的。经过充分考虑后，读者无疑会承认，这实际性的时间—空间性质是构成我们物理陈述中唯一的真实证据。

当我们描述相对于参考物体的质点的运动时，其主要着眼点在于该点与参考物啐上的各个特定点的相遇。我们同样也可以通过观测时钟的指针和指针盘上特定的点来确定相应的时间值。对这一道理稍加考虑，就会明白，这与用量杆进行空间测量时的情况完全一样。

下面的陈述一般都是有效的：每一个物理描述可分成本身的多个陈述，每一个陈述都与A、B两事件在空间—时间上相重合。高斯坐标对这一个陈述的表达是：两事件的四个坐标x_1、x_2、x_3、x_4是相符合的。因此高斯坐标对时空连续区的描述就不会有必须借助一个参考物体的描述方式的缺点，这种描述方式不必因所描述的连续区是否具有欧几里得的特性而有所限制。

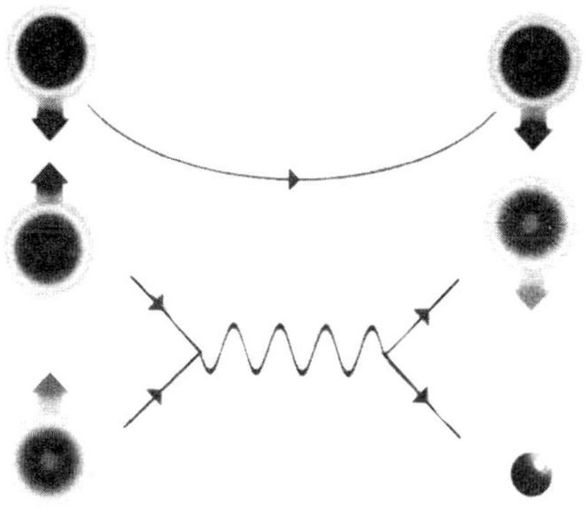

大统一理论（左）　合成图片

现在，人们发现微观粒子之间公存在四种相互作用力，它们是万有引力、电磁力、强相互作用力、弱相互作用力。宇宙间所有现象都可以用这种四种作用力来解释。进一步研究四种作用力来解释。进一步研究四种作用力之间联系与统一，寻找能统一说明四种相互作用力的理论称为“大统一理论”　——译者注

十一、广义相对性原理的精确表述

现在，对我们本部分第一节中的广义相对性原理的暂时性表达，已经可以用更严格的表述来加以代替。本部分第一节中的“所有的参考物体K、K_1，无论其运动状态如何，对于描述自然现象（作简洁陈述的自然现象）都是等效的”是不成立的。因为使用刚性参考物体作空间—时间描述，除非用高斯坐标系来代替参考物体，否则在狭义相对论所推出的方法中是不可能的。下面的陈述符合广义相对性原理的基本观念：“所有的高斯坐标系本质上的简洁陈述与普遍的自然界定律是相等的。”

除此以外，我们还有另一种比狭义相对性原理的自然推广更使人明白易懂的形式来陈述广义相对性原理。按照狭义相对论，当我们应用洛伦兹变换，以一个新的参考物体K'的空时变量x'、y'、z'、t'代换一个参考物体K（伽利略）的空时变量x、y、z、t时，表述普遍的自然界定律的方程经变换后仍取同样的形式。另一方面，按照广义相对论，任意替代的高斯变量x_1、x_2、x_3、x_4，经变换后形式仍然相同，因为每一种变换（不仅是洛伦兹变换）都是从一个高斯坐标系转换到另一个高斯坐标系。

如果我们愿意坚持我们“旧时间”的三维观点，就可以归结广义相对论基本观念发展的特点如下：狭义相对论和伽利略区域及没有引力场存在的区域相关。就此而论，一个伽利略参考物体充当着一个其运动状态是“孤立”的刚性参考物体，它相对于质点做匀速直线运动的伽利略定律是成立的。

从某些考虑来看，同样的伽利略区域似乎也应该引入非伽利略参考物体，而相对于这些物体，便存在有一种特殊的引力场（见本部分第三节和第六节）。

这个引力场并没有具有类似于欧几里得性质的刚体参考物体，因此在广义相对论中，假设的刚性参考物体是无用的。钟的运动受引力场的影响，因此，关于时间的物理定义借助于钟的运动的话，就不可能达到狭义相对论中类似运动的真实感。

基于上述缘故，非刚性参考物体，就其整个说来它的运动是任意且可以发生任何改变的。钟的运动是对时间定义的测定，因而其运动并不一定要遵从或规则或不规则的运动定律。我们想象每一个这样的钟固定在非刚性参考物体上的某一点，毗邻的钟（空间中）同时观测到的“读数”的差是一个无穷小量，这个大体上相当于一个任意选定的高斯四维坐标的，非刚性参考物体可以被适当地称作“软体动物参考物”。这个“软体动物”与高斯坐标系相比较，最易于理解之处在于形式上保留（非合理性的）了空间坐标和时间坐标的相互独立状态。我们假设这个软体动物的每一点都是一个空间点，相对于每一个空间点保持静止的每一质点就是静止的。如果把这个软体动物假设为参考物体，根据广义相对性原理，所有的软体动物都是表述普遍自然界定律的参考物体，并且拥有同等的权利及相同的结果，而这些定律本身必须相对于软体动物的选择而独立。

由这些情况可以看出，广义相对性原理所具有的巨大威力就在于它对自然界定律作了一些广泛而具明确性的限制。

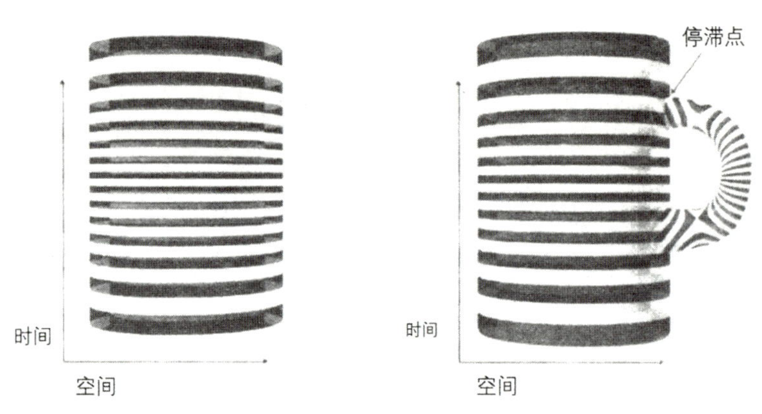

时间空间坐标

宇宙历史在时间和空间存在着一个停滞点。——译者注

十二、以广义相对性原理为基础解决地心引力问题

如果读者对于早先的问题已经全部理解，那么对于理解更深层次的万有引力就不会再有困难。

我们的考察从一个相对于伽利略参考物体K中没有引力场存在的一个区域开始。根据狭义相对论得出的量杆和钟相对于K以及“孤立”质点的行为都是已知的论述，其中，“孤立”质点沿直线做匀速运动。

现在，让我们考察这个区域时将参照物任意选取为K_1中的一个高斯坐标系或者，一个“软体动物”。与K_1相对的存在有一个引力场G（特殊的种类），对于量杆、钟和自由运动的质点相对于K_1的行为，通过数学变换可以得知，这即是量杆、钟和自由运动质点在引力场G影响下的行为，因此我们引进一个假设：引力场对量杆、钟和自由运动质点的影响将按照同样的定律继续发生，即使在当前的引力场中，坐标变换不能从伽利略特殊情况中简单地推导出来。

下一步是对引力场*G*的空间—时间行为的研究，引力场*G*源自于简单的坐标变换，由伽利略特殊情况导出。将这种行为阐明为一个定律，它总是始终有效的，而不必去管在这些描述中的参考物体（软体动物）的种类如何选定。

然而这个定律并不是普遍的引力场定律，因为考虑中的引力场是一种特殊的引力场。为了找出普遍场的引力，我们依然需要将上面建立的定律加以推广，这能说明我们并非在胡思乱想，这一推广根据下列各项要求得出：

（a）所求的推广必须同样满足广义相对性假定。

（b）如果在所考虑的区域中有任何物质存在，仅有它的惯性质量是重要的，依照本部分第十五节，也仅有它的能量在一个激发的场中是重要的。

（c）引力场加上物质必须满足能量（和冲量[①]）守恒定律。

最后，广义相对性原理允许我们确定影响不存在的引力场的所有过程，可以根据存在的引力场的已知定律得出，这一过程是已经纳入狭义相对论范围的。关于这一点，我们继续下去的原则是按照已对量杆、钟和自由运动的质点解释过的方法进行。

引力论源自广义相对性公设的推导，它的优越之处不仅在于它的完美性，还在于消除本部分第四节所显示的经典力学的令人不满

① 冲量：力的时间累积效应的量度，是矢量。如果物体所受的力是大小和方向都不变的恒力F，冲量I就是F和作用时间*t*的乘积。如果F的大小、方向是变动的，冲量I应用矢量积分运算。冲量通常用来求短暂过程（如撞击）中物体间的作用力，即由物体的动量增量和作用的时间来估算其作用力。此力又称冲力。冲量的单位和动量相同，在国际单位制中为千克·米／秒。

意的方面和解释了惯性质量和引力质量相等的经验定律，并且它也解释了一个天文学的观测结果，这是经典力学无能为力的。

如果我们认为引力论中的引力场相当薄弱，而且“场”内相对于坐标系运动的所有质量的速度与光速比较都相当小，那么，我们就第一次获得近似于牛顿的引力理论，因而后面理论的获得就不需要任何特别的假定。尽管牛顿当时引进了相互吸引的质点间的吸引力必须与质点间的距离的平方成反比这一假设，但如果我们提高计算的精确度，那么偏差就在牛顿理论下表现出来，这实际上都是观测所察觉不出来的必然的微小偏差。

在这里，我们必须提醒读者注意这些偏差。按照牛顿理论，行星沿椭圆形轨道围绕太阳运行，如果对恒星本身的运动以及对其他行星的作用忽略不计，那么这个椭圆形轨道相对于恒星的位置将永远保持不变。因此，如果我们能够正确地观测校正行星的运动，并且假如牛顿的理论是完全正确的话，那么一个相对于恒星系的固定不移的椭圆形轨道就是我们所得到的行星轨道。这个推论除离太阳最近的水星外，已经通过所有其他的行星得到了证实，而且其精确度是目前所可能的灵敏的观测所能达到的最高精度。自勒威耶时起，人们就知道，椭圆符合水星的轨道运动，经过对上述提及的影响的校正后，相对于恒星系并不是固定不移的，而是非常缓慢地顺沿轨道的运动方向在轨道的平面内旋转。轨道椭圆的这种转动值是每世纪43″，其数值差保证下会超过几秒。对这一效应的解释，经典力学只能借助于引入一些不大可能成立的假定，这些假定的引入其目的仅仅是为了解释这个效应。

以广义相对论为基础，我们发现，每一个围绕太阳运行的行星的椭圆轨道都必然以上面指出的方式转动。除水星外，所有行星的这种转动都太小，以我们现在拥有的观测灵敏度是无法探测的，但就水星而言，该数值必须达到每世纪43″，这个严格的结果与观测相一致。

除此以外，从广义相对论中我们演绎出两个可被观测检验所证实的推论，即光线因太阳引力场而发生弯曲，以及来自星体的光谱线与在陆地上以类似方式产生的（也就是同一种原子）光谱线相比较，有位移*a*现象发生。这两个推论都已经得到证实。

银河系　太空摄影

银河系有一个由星球和气体组成的晕圈。太阳也只是银河系中1000亿颗恒星之一，银河系和其他旋涡星系一样，从球状中心伸展出一些弯曲、由星球组成的旋臂，它的直径是10万光年，太阳离它的中心是3万光年。——译者注

① 位移：位移表示物体运动的物理量。它的大小等于起点到终点的距离，方向由起点指向终点，位移是矢量。

第三部分　对整个宇宙的思考

一、在宇宙论中牛顿理论的困难

除上一章第四节所讨论的困难外，经典天体力学还存在另一个基本困难，就我所知，第一个对这个基本困难进行详细论述的是天文学家西利格。如果我们深思一下，对宇宙万物，对被视为整体的而言，我们应该持何种眼光来看待这一问题。那么我们的最初回答便一定会浮现于脑海中：就空间（和时间）而言，宇宙是无限的。星体的存在无所不在，因此，就物质的密度来说，虽然细节的变量很小，但平均说来各处都是一样的。另外，我们无论在空间中的穿梭旅行多远，稀薄的恒星群在各处浮游移动，它们都具有同一的种类和密度。

这个看法与牛顿的理论大相径庭。在牛顿的理论中，宇宙被要求具有某种中心。星群的密度以非常拥挤的形式聚在一起，从这个中心向外扩展，星群的群密度逐渐减小，直到在非常遥远的地方，成为一个空虚的无限区域。恒星宇宙应该是一个有限的岛屿处于无限的空间海洋中。

这个概念的本身非常难尽如人意。因为它导致了下述结果：恒星发出的光和恒星系中的各个单独的恒星不断向无限的空间奔涌，而且永不回返，永不继续与其他自然客体发生相互作用。这样一个有限的物质界一定会因逐渐而系统地削弱而进入穷尽。

为了避免出现这种进退两难的局面，西利格修正了牛顿定律。他假定，在很大的距离中，两质量之间的吸引力与平方反比定律相比，得出的减小的结果要快得多。于是，物质的平均密度不论是在极近处还是在极远处，处处一样便出现了可能，而无限大的引力场也就不会产生，也使我们摆脱了物质宇宙应该具有某种中心等诸如此类讨厌的概念的纠缠。当然，我们从这种基本困难中摆脱出来也付出了代价，那就是在既无经验根据亦无理论根据的情况下修改并复杂化了牛顿定律。这样的定律我们能够设想出无数个来，而且都可以实现其同样的目的。但我们没有任何根据说明为什么其中一个定律比任一其他定律更为可取，这些定律中的任意一个，并没像牛顿定律一样，即使很小的部分都建立在更为普遍的理论原则上。

二、“有限”而“极大”的宇宙的可能

但是，宇宙构造的探索也同时沿着另一个完全不同的方向前进。非欧几里得几何学的发展使我们对整个宇宙空间的无限性表示怀疑，而非思维的规律与经验相冲突（黎曼、亥姆霍兹）。这一问题已由亥姆霍兹和庞加莱以无法超越的明晰性详细地论述过，我在这里仅仅只能略微谈到。

首先，我们设想存在于二维空间中。扁平的生物持有扁平的工具，特别是扁平的刚性量杆，自由地生活在除它们外没有任何东西存在的平面上。这个平面所包含的全部是它们观察到的自己的和一切扁平的“东西”。详细地说，例如欧几里得平面几何学中的一切建构都可以借助杆子来实现，也就是利用在上一章第七节的网络结构构图法。扁平生物的宇宙与我们的宇宙相比较，是二维的。如同我们，它们的宇宙也向无限远处延伸，在那儿有足够的空间可以容纳无限多的互相等同的用杆子构成的正方形，它们宇宙的容积（表

面）是无限的。如果这些生物说它们的宇宙是“平面”的，那么这一陈述由它们的认识得来，它们的意思是能用它们自己的杆子在这个平面上按欧几里得平面几何学作图。这里的杆子与其本身所处的位置无关，而是永远代表了同一距离。

让我们考虑一下第二种二维存在，但是这次是用一个球面代替一个平面。这些扁平生物连同它们的量杆以及其他的物体，与这个球面紧密地结合并且不被许可离开，它们全部的宇宙及所能观察的范围仅仅能延伸到整个球面。这些生物能否注意到它们的宇宙几何学还是平面几何学？它们的杆子又是怎样来实现测量“距离”的呢？它们不可能这样做，因为如果它们企图尝试实现一根直线时，将会得到一根曲线。我们“三维生物”将指明这根曲线是一个圆弧，其本身包含有明确有限的长度，本身就是符合标准，可以用量杆测定完整独立的线。同样地，这个宇宙拥有的有限的面积，能与用杆子建构的正方形相比较。这种思虑的极妙处在于，这些生物的宇宙使有限而又无界的论断得到了首肯。

但是，这些球体表面的生物不需要进行任何环球旅游便可以认识到它们能在它们自己“世界”的任一部分都能弄清这一点，倘若它们使用的部分不是太小的话。从一点出发，它们绘制各个方向相等的“直线”（圆弧由三维空间判断）。它们将连接线的始端与自由端的线称作“圆”。根据欧几里得平面几何，圆的圆周与直径之比等于常数 π，它与圆的直径大小无关。在球面上，我们的扁平生物会发现圆周与直径之比为以下的值：

$$\pi = \frac{\sin\frac{r}{R}}{\frac{r}{R}}$$

这是一个比π小的值。圆半径r与“世界球”半径R之比差异越大，上述比值与π之差就愈大。依靠这一关系，球面生物就能测定它们的宇宙（世界）的半径，即使当它们用来进行测量的区域仅仅是这个世界球的较小部分。但是如果这个部分确实非常之小，它们就证明不了它们居住在一个球面“世界”和非欧几里得平面，因为同样微小的球面部分与相同的平面的差别是非常微小的。

因此，如果这些球面生物居住在一个其本身空间相对于宇宙空间来说小到可以忽略不计的行星上，那么它们就无法测定这一宇宙是有限还是无限的，因为这一“宇宙块”是它们所能接近的实际上的平面，或者说是欧几里得平面。由此可以直接推知，对于球面生物而言，圆半径的增大导致圆周的增大，直到达到“宇宙圆周”为止，其后圆周随半径值进一步增大再逐渐减小，渐趋为零。在这一过程中，圆的面积越来越大，直到最后与整个“世界球”的总面积相等。

或许读者对为什么我们把“生物”放在一个球面而非另一种闭合曲面而感到很惊奇，但事实证明，这种选择具有它的合理性。在所有闭合曲面中，唯有球面具有曲面上所有的点都是等效的这一性质。我承认，一个圆的圆周C与它的半径值的比取决于R，但对于给定的R值，这个比与“世界球”上所有的点都是一样的。换句话说，这个“世界球”是一个“等曲率曲面”。

这是一个二维球面宇宙，在这里面我们有一个三维比拟，这就是黎曼发现的具有一个有限体积的，且空间各点同样相等的三维球面空间。我们问：由它的“半径”（$2\pi^2R^3$）能否确定一个球面空间呢？我们设想中的这个空间只不过意味着是我们想象中的“空间”经验的模型，在移动“刚性”体时我们能够体会到这种“空间”经验，在此基础上我们就能够设想出一个球面空间。

假设我们从一点向四面八方绘制直线或拉绳索，并且用量杆标记r来记取这些自由端点都位于一个球面上的具有长度的直线或绳索间的距离r，该曲面的面积（F）能够凭借一个用量杆构成的正方形的特别方法测量出来。如果这个宇宙是欧几里得宇宙，那么$F=4\pi r^2$；如果是球面的，那么F总是小于$4\pi r^2$。随着r值的递增越来越大，F值从零增大到一个由“世界半径”确定的最大值，但随着r的值的进一步增大，这个面积就会逐渐缩小到零。我们看到，相距越来越远的直线是从最初的始点辐射出去的，但后来它们又相互趋近，最终它们穿越了整个球面空间，在与始点相对立的“相反点”再次相会。由此不难看出，这个类似于二维球面的三维球面空间是有限的（体积有限）且又无界的。

我们还可以提到另一种弯曲空间，即“椭圆[①]空间”。这一“椭圆空间”可以看作是该空间两个“对立点”是同一的（彼此不可辨别的）的弯曲空间。所以，类似的椭圆宇宙我们可以在某种程度上把它当作一个具有中心对称的弯曲宇宙。

---

① 椭圆：椭圆是二次平面曲线的一种，在直角坐标系内，可表示成$\frac{x^2}{a^2}+\frac{y^2}{B^2}=1$。其中a和B分别是椭圆的长半轴和短半轴。在平面极坐标中，按照二次平面曲线的标准形式，当偏心率e<1时，就是椭圆。

根据上面的论述可以得知，闭合的无界的空间是可能想象的。在这其中，球面空间（以及椭圆空间）的简单性胜过了其他空间，因为在其上的所有点都是同一的。这一想象对天文学家和物理学家提出了一个非常有趣的问题：我们所居住的宇宙，是无限的？或者像球面宇宙般是有限的呢？对这个问题，人类的经验远远不足以回答，但我们可以根据广义相对论所列举的确实的事实使这个问题能够在一定程度上得到解答。于是，上节所提到的困难就得到了解决。

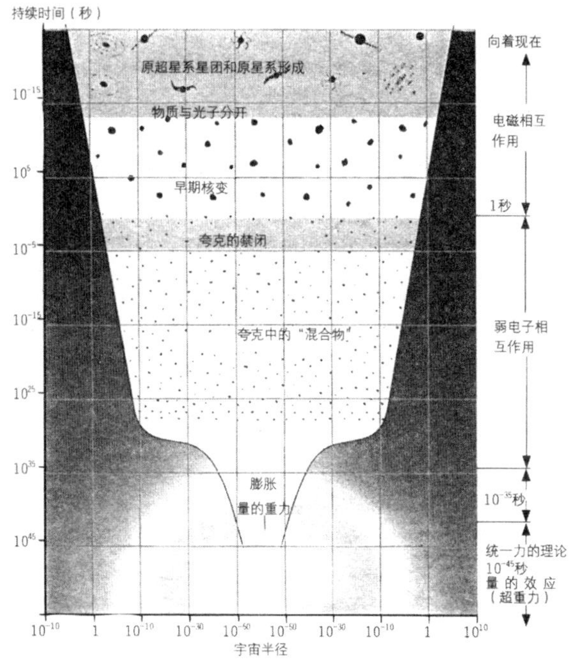

大爆炸后的宇宙熔化　合成图片

宇宙不是永远静止不变的，而且有一个开始或者说是一个起源。在1940年和1950年就导致“大爆炸”的发展说，宇宙源起于一个高温高压的爆炸。这样就能够解释元素的由来和星球的形成演化。——译者注

三、以广义相对论为依据的空间结构

根据广义相对论，空间的几何性质并不是独立自主的，它们由物质决定。因此，我们可以得出结论，宇宙几何结构的基础只有在根据已知物质状态的情况下才能作出判断。凭经验我们知道，对于一个合适的坐标系，行星的传播速度与光的传播速度相比较是很小的。因此，我们可以得出一个粗略的估计，在近似的程度上对宇宙的性质下一个结论，如果我们把物体视为静止的话。

从我们前面的讨论已经知道，量杆和钟的行为受引力场的影响，亦即受物质分布的影响。这一点本身就足以排除欧几里得几何学在我们的宇宙中严格有效的这种可能性，但是可以想象，我们的宇宙与一个欧几里得宇宙仅有微小的差别。而且计算表明，甚至像我们的太阳那样大的质量对于周围的空间的度规的影响也是极其微小的，因而上述看法就显得越发可靠。我们可以设想，就几何学而论，我们的宇宙的性质与这样的一个曲面相似，这个曲面在它的个别部分上是向下规则地弯曲的，但整个曲面没有什么地方与一个平面有显著的差别，就像是一个有细微波纹的湖面，这样的宇宙可以恰当地称为“非欧几里得宇宙”。就其空间衍育，这个宇宙是无限的。但是计算表明，在一个准欧几里得宇宙中物质的平均密度[①]必然要等于零。因此这样的宇宙不可能处处有物质存在。呈现在我们面前的将是我们在本部分第一节中所描绘的那种不能令人满意的景象。

如果在这个宇宙中我们有一个不等于零的物质平均密度，那么，不论这个密度与零相差多么小，这个宇宙就不可能是准欧几里得的。相反，计算的结果表明，如果物质是均匀分布的，宇宙就必然是球形的（或椭圆的）。由于实际上物质的细微分布不是均匀的，因而实在的宇宙在其个别部分上会与球形有出入，亦即宇宙将是准球形的。但是这个宇宙必然是有限的。实际上这个理论向我们提供了宇宙的空间密度与宇宙的物质平均密度之间的简单关系。

---

① 密度：物质每单位体积内的质量。物体中任一点P的密度定义为：$\mathrm{P}=\lim_{\Delta V\to 0}\frac{\Delta M}{\Delta V}$式中，$\Delta V$为包含P点的体积元；$\Delta M$为该体积元的质量。在厘米·克·秒制中，密度的单位为g/cm^3；在国际单位制和中国法定计量单位中，密度的单位为Kg/m^3。

四、对“以广义相对论为依据的空间结构”的补充

自从第一次出版这本小册子以来，我们对于未知的巨大的空间结构的认识（“宇宙论的问题”）已有了重要的发展，这一重要的发展在每一本提及到这一问题的通俗读物中都随处可见。

关于这个问题我最初的思考来源基于两个假设：

（a）所有的物质都有一个平均存在于空间中的密度，该平均密度每一部分皆相同，而且不等于零。

（b）空间的大小（“半径”）与时间无关。

这两个假设在广义相对论中已被证明是一致的，但这两个假设条件只有在场[①]方程中加上一个假设项之后才能够被证明。这样的条件不是必需的，而且从理论的角度来看也不是自然的（“场方程的宇宙论”）理论。

假设（b）的出现是我当时所不可避免的。因为假设时，我以

① 场：场是用来描述空间各点的某种物理现象的。它可以是物质场，例如引为场、电磁场等；也可以是某种物理量，如连续介质中的位移场、速度场、压力场等。在相对论量子力学发展以后，人们就用量子场来描述所有的微观对象。场的概念甚至可以用来描述凝聚态物理中的元激发。

为，如果我们离开这一假设，就要陷入无休止的空想。

然而，早在19世纪20年代，苏联数学家弗里德曼就已经证明，即使是在纯粹的理论观点中，依然存在有另一种不同的假设。他认识到，保留假设（a）的前提是无须在引力场方程中引入较小的宇宙条件，但必须得舍弃假设（b）。也就是最初的场方程容许有“世界半径”依赖时间（扩大的空间）的这样一个解。在此意义上我们能说，根据弗里德曼的观点，这个理论要求一个扩大的空间。

几年以后哈勃发现，对河外星云①（“银河”）的特别研究证明，星云发出的光谱线有红移现象，星云间的距离越大，此红移则有规则地增大。就我们现有的知识来看哈勃的发现，我们可以根据多普勒原理把这一现象归结于太空中整个恒星系的膨胀运动。按照弗里德曼的假设，这是引力场方程所要求的。哈勃的发现，因此在某种程度上可以认为是这个理论的一个证实。

但是这里确实出现了一个前所未知的困难。如果哈勃将银河光谱线的位移解释为一种膨胀（从理论的观点这是没有问题的），那么，此种膨胀“仅仅”起源于约109亿年前。按照天文物理学的观点，独立的恒星和恒星系的发生和发展比这一时间漫长得多。如何克服这种矛盾，我们仍一无所知。

还需要提及的是，宇宙空间的膨胀理论，以及天文学的经验数据皆不能使我们对（三雄）空间是有限或无限这一论断下过早的结论，而最初的“静态”假设空间则使宇宙空间倾向于闭合性（有限性）。

---

① 星云：星云就是散布在银河系内、太阳系外的一堆堆非恒星形状的尘埃和气体（星际物质），它们的主要成分是氢，其次是氦，还含有一定比例的金属元素和非金属元素。

最初所有在宇宙中的云雾状天体都被称作星云，后来随着天文望远镜的发展，人们的观测水平不断提高，才把原来的星云划分为星团、星系和星云三种类型。

附录一　爱因斯坦讲述《相对论》

我已经67岁了，今天坐在这里，为的是要写点类似自己的讣告那样的东西。我做这件事，不仅因为希耳普博士说服了我，而且我自己也确信，和那些与我一起奋斗的朋友回顾我们奋斗和探索的历程，应该是一件好事。稍做考虑之后，我觉得，这种尝试的结果不会完美无缺。因为，一个人的工作生涯不论怎样短暂和有限，其间走过的弯路如何之多，要把那些值得讲的东西讲清楚，仍然是不容易的——现在这个67岁的人已完全不同于他50岁、30岁或者20岁的时候了。任何回忆都会染上当前的色彩，同时也会受到不可靠的观点的影响。这很容易使人气馁。然而，一个人还是可以从自己的经验里提取许多别人所意识不到的东西。

当我还是一个相当早熟的少年的时候，我就深切地领会到，那些驱使大部分人一辈子不停地追逐的愿望和奋斗，都是毫无价值的。而且，我不久就发现，与现在相比，当年的这种追逐的残酷被更加精心地掩饰在伪善和漂亮的字句之下。只因为有个胃，每个人就注定要参与这种追逐。而且，由于参与这种追逐，胃有可能得到满足。但是人不会，因为他还有思想、有感情存在。摆脱这种困境的第一条路就是宗教，它通过传统的教育机关灌输给每一个儿童。因此，尽管我的双亲完全没有宗教信仰，我还是深深地信仰宗教。但是，12岁那年，我的这种信仰突然终止了。由于读了科普书籍，我很快就相信，《圣经》里有很多故事不可能是真实的。其结果是，在一场近乎疯狂的自由思考后我发现：国家总是故意用谎言来欺骗年轻人。这种印象令人目瞪口呆。这次经历让我对所有权威产生了怀疑，对任何社会情境里都会起作用的信念都会持怀疑态度。我始终坚持着这种态度，虽然在后来由于对因果关系的更好的洞察使它失去了原有的尖锐性。

很显然，少年时代的宗教天堂的失去是我的第一个尝试。它让自己从纯粹个体的锁链中，从由愿望、期待和原始感情所统治的存在中解放出来。在我们之外，有一个独立于我们人类而存在的巨大的世界，对于人类而言，它就像一个伟大的永恒之谜，我们通过观察和思考只能部分地抵达。对这个世界的沉思，就像是对自由的召唤，而且我很快注意到，许多我所尊敬和仰慕的人，都在这种追求中，找到了内心的自由和安宁。在我们力所能及的范围里，用思维去把握这个外在于人的世界，总是有意无意地成了我心中的最高目标。过去和现在受到过同样激励的人们，以及他们已经获得的真知灼见，都是我不可失去的朋友。通往这个天堂的道路，并不像通向宗教天堂的道路那样舒适和迷人，但是，事实证明它是可以信赖的，我也从未后悔自己选择了它。

我所讲的这些，仅仅在一定意义上是正确的，正像一张寥寥几笔勾画的图画，只能在相当有限的意义上忠实于一个细节混乱的复杂对象一样。如果一个人喜欢有条理的思想，那么，他的天性的这一方面很可能会以牺牲其他方面为代价而发展得更为突出，并且愈来愈明显地决定着他的精神面貌。在这种情况下，这样的人在回忆中所看到的，很可能只是一致的、系统的发展，然而，他的实际经验却产生于千变万化的具体处境中。外部情境的多变性，以及瞬间意识内容的有限性，使得每一个人的生活有了一种模糊性。像我这种类型的人，其成长的转折点在于，自己的主要兴趣逐渐从转瞬即逝的、纯粹个人的层面解放出来，而转向努力从思想上去把握事物。这是一次意义深远的转折。从这个角度来看，上面以这样简要文字达的概论里，已包含着尽可能多的真理了。

思维和惊奇

准确地说，“思维”是什么？当我们接受感觉印象、产生记忆图像时，这还不是“思维”。而且，当这些图像形成系列，每一个形象都产生另一个形象时，这也不是“思维”。可是，当某一形象在许多这样的系列中反复出现，它就形成了这种系列的组织性要素，因为它把那些本身没有联系的系列联结了起来。这种要素便成了一种工具、一种概念。我认为，从自由联想或者“梦想”向思维过渡的标志，是由“概念”在其中所起的支配作用。概念绝不是必然要同某个感觉上可以识别的可以再现的符号（词）绑在一起，但是，如果发生了这样的情况，思维就变得可以交流了。

人们会问，在没有努力给出任何证明之前，这个人有什么权力，在这样一个有问题的领域里，如此轻率而简单地运用观念？我的辩护是：我们的一切思维，在本性上都是概念的一种自由游戏；至于这种游戏的合理性在于：在它的帮助下，我们能够更好地理解我们的感觉。“真理”这个概念尚不能用于这样的结构，我认为，只有在这种游戏的要素和规则已经取得深刻的认同或约定的时候，这个概念才可以使用。

我毫不怀疑，我们的思维在大多数情况下不用符号（词）也都能进行，而且在很大程度上是在无意识中进行的。否则，为什么我们有时会情不自禁地对某一经验感到“惊奇”呢？当某个经验同我们的已经充分植根在我们内部的概念世界产生冲突时，这种“惊奇”就产生了。当我们尖锐而强烈地经历这种冲突时，它就会决定性地反作用于我们的思维世界。这个思维世界的发展，在某种意义上说就是从“惊奇”的不断飞跃。

当我还是四五岁的小孩时，父亲给我看了一个指南针，那时就体验过这种惊奇。这只指南针以如此确定的方式行动，与无意识的概念世界中可能发生的那些事件（由直接“接触”所产生的效应）根本不符合。我还记得，或者至少我相信记得，这次经历给了我深刻而持久的印象，一定有什么东西深深地隐藏在事物后面。凡是人从小就看到的东西，不会引起这种反应：物体的下落，风和雨，月亮以及月亮不会掉下来这个事实，生物和非生物之间的区别，这一切他都不感到惊奇。

在12岁时，我经历了另一种完全不同的惊奇。这次惊奇来自一本关于欧几里得平面几何的小书，它是在我手里的。书里有许多命题，比如：三角形的三条高线交于一点。这些问题本身绝非自明，但是可以得到如此确定的证明，以至于对它们的任何怀疑似乎都不可能。这种明晰性和确定性给我留下了一种难以形容的印象。公理不用证明就得接受，这件事并没有使我不安。无论如何，只要能依据一些确信有效的命题来加以证明，我就完全心满意足了。比如，我记得，在这本神圣的几何学小书到我手中以前，有位叔叔就曾经告诉过我毕达哥拉斯定理。费尽周折后，我利用三角形的相似性成功地"证明了"这条定理。在证明的过程中，我视此为自明：直角三角形各个边的关系完全决定于它的一个锐角。在我看来，只有在类似方式中缺乏这种"自明性"的东西，才需要证明。此外，几何学研究的对象，与感官知觉到的对象，看来是同一类型之物，都是"能被看到和摸到的东西"。这种朴素观念（大概处于康德对"先验综合判断"之可能性的著名研究的核心），显然立足于这个事实：几何概念同直接经验对象（刚性杆、有限区间等）的关系，已经无意识地存在着。

我的认识论信条

因此，如果用纯粹思维看上去就可能得到关于经验对象的可靠知识，那么这种"惊奇"就是立足于一个错误的。但是，对于第一次经历到它的人来说，在纯粹思维中竟能达到如此可靠而又纯粹的程度，好像希腊人在几何学中第一次告诉我们的那样，就已经够了不起了。

既然我已经打断了刚开了个头的讣告而且把话题扯得很远，因此，我索性在这里用几句话来陈述一下我的认识论信条，虽然有些话在前面已经顺便提过了。这个信条实际上是在很久以后才慢慢地发展起来的，而且同我年轻时候所持的观点并不一致。

一方面，我看到了经验的总和；另一方面，我又看到书中记载的概念和命题的总和。概念和命题之间的关系是一种逻辑关系，而逻辑思维的任务则严格限定于按照一些既定的规则（这是逻辑学研究的问题）来建立概念和命题之间的相互联系。概念和命题只有通过它们与感觉经验的联系，才获得“意义”和“内容”。后者同前者的联系是纯粹直观，本身不具有逻辑的本性。进行这种联系或直觉联结所必须的确定性程度，不是别的，正是科学“真理”同空洞幻想的区别所在。概念体系连同那些构成概念体系结构的句法规则，都是人类的创造。虽然各种概念体系本身在逻辑上完全是任意的，它们却受到这样一个目标的限制，就是：需要同感觉经验的总和有尽可能确定的和完备的对应关系；其次，它们应当尽可能少地使用逻辑上独立的元素（基本概念和公理），即未定义的概念和非派生的假设命题。

在某一逻辑体系中，如果一个命题是按照可接受的逻辑规则推导出来的，它就是正确的。一个系统所具有的真理内容取决于它同经验总和对应之可能性的可靠性和完备性。正确的命题是从它所属系统的真理内容中取得其“真理性”的。

下面是对历史发展的一点意见。休谟清楚地意识到，有些概念，如因果性概念，是不能从经验方面用逻辑方法推导出来的。康德完全确信某些概念的独立性，他把它们当成是任何思维的必要前提，并且把它们同那些来自经验的概念加以区别。但我相信，这种区分是错误的，那就是说，它不是按自然的方式来恰当处理这个问题的。从逻辑观点看来，一切概念，即使那些最接近经验的概念，都是一些自由选择的假设。因果性概念就是这样：它首先是这些探索的出发点。

我的早期教育

现在再回到讣告上来。在12到16岁的时候，我熟悉了数学基本原理，包括微积分原理。这期间，我幸运地接触到一些书，它们在逻辑严密性方面并不太考究，但是能够简单明了地表达主要观点。总的说来，这段时间的学习确实是令人陶醉的。好几次达到了顶点，它给我的印象之深并不亚于初等几何——解析几何的基本思想、无穷级数、微分和积分概念。我还从一部极好的通俗读物中了解到整个自然科学领域里的主要成果和方法。这部著作（伯恩斯坦的《自然科学通俗读本》，一部有五六卷的著作）几乎完全局限于定性的方面。我聚精会神地读完了它。因此，当我17岁时作为数学和物理学的学生进入苏黎世工业大学时，我已经学过一些理论物理学了。

在那里，我遇见了几位卓越的老师（比如胡尔维兹、闵可夫斯基），所以照理说，我应该有更深层次的数学训练。可是我大部分时间却是停留在物理实验室，痴迷于同经验直接接触。其余时间，我主要在家里阅读基尔霍夫、亥姆霍兹、赫兹等人的著作。我在一定程度上忽视了数学，因为我对自然科学的兴趣超过对数学的兴趣，并且还与下述奇特的经验有关。我看到数学分成许多专门领域，每一个领域都能费去我们短暂的生命。因此，我觉得自己的处境像布里丹的驴子，它不能决定究竟该吃哪一捆干草。大概是由于我在数学领域里的直觉能力不够，以至于不能区分：何为真正带有根本性的最重要的东西，何为在某种程度上可有可无的学问。此外，我在自然知识上的兴趣，无疑要更强一些。另外，我这样一个年轻学生，还不能清楚地了解，在物理学中，要想把握物理学的基本原理的更深层知识，还必须借助于最精密的数学方法。这一点，是在几年独立的科学研究工作以后，我才逐渐明白的。

诚然，物理学也分成了多个领域，其中每一个领域都能耗费每个人短暂的一生，而且可能还没来得及满足人们对更深邃的知识的渴望。在这里，充斥着大量尚未充分关联的实验数据。可是，在这个领域里，我不久就学会了识别那种能导向基本原理的内容，而撇开其他许多东西不管，以免它们拥塞我的心智而使之远离精髓。当然，这里的问题是，为了考试，人们都得把这些废物统统塞进自己的脑袋，而不管自己愿意与否。这种强制的结果使我气馁，以致在我通过最后一科考试以后的整整一年内对科学问题的任何思考都深感不快。当然必须说明，我们在瑞士所受到的这种窒息科学动力的强制，相比其他地方要少许多。这里一共只有两次考试，此外，我们可以做自己愿意做的任何事情。如果能像我这样，有个朋友经常去听课，认真地整理听课笔记，那情况就更是如此了。这种情况给予人们一定的自由，以选择从事什么研究，直到考试前几个月为止。我极力享受了这种自由，并把与此伴随而来的内疚看作是微不足道的。现代的教学方法，竟然还没有完全扼杀研究问题的神圣好奇心，这简直是一个奇迹。因为这株脆弱的幼苗，除了需要鼓励以外，主要需要自由，如果没有自由，它会不可避免地夭折。认为用强制和责任感就能增进观察和探索的乐趣的做法，是一个非常严重的错误。即使是一头健康的猛兽，如果它不饿的时候用鞭子强迫它不断进食，特别是强迫吃那些经过适当选择的食物，那么，它也会丧失其贪吃的习性的。

我眼中的物理学

现在来谈当时物理学领域的情况。当时，尽管物理学在个别方面成果丰硕，但是在原则问题上居统治地位的还是那些僵化的教条：创世之初（假如有的话），上帝创造了牛顿运动定律与必需的质量和力。这就是一切。此外一切都可以用适当的数学方法演绎出来。19世纪以此为基础所取得的成就，特别是由于偏微分方程的应用，必然会引起所有善于接受者的赞叹。牛顿也许是第一个人——在他的声传播理论中——揭示了偏微分方程的功效。欧拉奠定了流体动力学的基础。但是，作为整个物理学基础的质点力学的更加精确地发展，则是19世纪的成就。然而，对于一个大学生来说，印象最深的并不是力学的技术性发展或者它所解决的复杂问题，而是力学在那些看起来同它无关的领域中的成就：光的力学理论，它把光设想为准刚性的弹性以太的波运动；但最重要的是气体动力学，单原子气体的比热同原子量无关，气体状态方程的导出及其与比热的关系，气体扩散的分子运动论，特别是气体的黏滞性、热传导和扩散之间的定量关系，这种关系决定了原子的绝对量。这些结果同时证明，力学是物理学和原子假说的基础，而后者已经在化学中牢固地扎了根。但是在化学中，重要的是原子的质量之比，而不是它们的绝对大小，因此，与其把原子论看作是关于物质的实在结构的一种认识，不如看作是一种形象化的符号。此外，古典力学的统计理论能够推导出热力学的基本定律，也是令人产生浓厚兴趣的，这在本质上已经由玻尔兹曼完成了。

因此我们不必为此感到惊讶。可以说，上一世纪所有的物理学家，都在经典力学中看到了整个物理学的，甚至是全部自然科学的牢固的和决定性的基础，而且，他们还不厌其烦地试图把当时已经逐渐取得全面胜利的麦克斯韦电磁理论也建立在力学的基础之上。即使是在麦克斯韦和赫兹的自觉的思考中，也都始终坚信力学是物理学的可靠基础，而我们现在回顾起来，却可以把他们看成是这样的人——他们动摇了把力学作为一切物理学思想之最终基础的信念。是马赫，他的《力学史》推翻了这种教条式的信念。在我还是一个学生的时候，这本书就给了我深刻的影响。我认为，马赫的伟大之处，就在于他的坚不可摧的怀疑态度和独立性。在我更年轻时，马赫的认识论观点同样深深影响了我。这个观点今天看来根本站不住脚，因为他没有正确理解。所有思想，特别是科学思想，本质上都是构建性、推断性的。因此，在理论的建构——思辨特征的那些方面，正是他要指责的，比如原子动力学。

在开始批判把力学作为物理学基础以前，我先谈谈我们对物理学理论进行批判分析的某些观点。第一个观点是很明显的：理论不应当同经验事实相矛盾。这个要求初看起来似乎理所当然，但应用起来却相当微妙。因为人们常常，甚至总是可以用人为的补充来使理论同事实相适应，从而保留一种普遍的理论基础。但是，无论如何，这第一个观点要说的是：用可获得的经验事实来证实理论基础。

第二个观点与观察无关，而涉及理论本身的前提（基本概念以及它们之间的关系），要求这些前提具有那种被人们简单、含糊地称之自然性或逻辑简单性的特征。这个观点在理论的选择和评价中一直起着重要作用，但是要想把它确切地表达出来却很困难。这里的问题不是列举逻辑上独立的前提的问题（如果这种列举能毫不含糊地进行的话），而是在不可比较的性质间进行相互权衡的问题。此外，在基础同样“简单”的几种理论中，那种对理论体系的可行性质限制最严格的理论（即含有最确定的论点的理论）被认为是比较优越的。这里我不需要谈及理论的“范围”，因为我们只限于这样一些理论，它们的对象是一切物理现象的整体。第二个观点可以简要地称为同理论本身有关的“内在完备性”，而第一个观点则涉及“外部确证”。我认为下面这一点也属于理论的“内在完备性”：从逻辑观点来看，如果一种理论，不是从那些等价的、结构类似的理论中任意选出的，那么这种理论就可以得到较高的评价。

我不想用篇幅不够来为上面两段话中论点的不够明确进行开

脱。我必须承认，此刻我不能，也许根本就不能用明确的定义来代替这些提示。但是，我相信，更为明确的阐述还是可能的。无论如何，我们可以看出，在判断理论的“内在完备性”时，“预言家”们的意见往往是一致的，在关于理论的“外部确证”程度的判断上，情况就更是如此了。

现在来批判作为物理学基础的力学。

将所有物理学建立在力学上的尝试

从第一个观点（经验确证）来看，把波动光学纳入力学的世界图像，必将引起怀疑。如果把光解释为一种弹性体（以太）中的波动，那么以太就应当是一种可以穿透过任何东西的媒质。由于光波具有横向性，大体上类似固体，又不可压缩，所以纵波并不存在。这种以太必须像幽灵似的与其他物质并存着，因为它对“可量”的物体的运动似乎没有任何阻碍。为了解释透明物体的折射率以及辐射的发射和吸收过程，人们必须假定在这两种物质之间存在复杂的相互作用。但是人们对这件事从未尝试过，更谈不上有何成就。

此外，电磁力还迫使我们引进一种带电物质，它们虽然没有明显的惰性，却能相互作用，并且这种相互作用是极性的类型，与引力完全不同。

法拉第和麦克斯韦的电动力学，使物理学家们犹豫了很久之后，最终放弃了他们的那个信念，即所有物理学都建立在牛顿力学这个基础之上。因为电子力学理论，以及赫兹实验对它的证明，表明存在着在本质上同所有有重量物质相分离的电磁现象——它们是虚空中由电磁“场”组成的波。如果力学被作为物理学的基础，那么麦克斯韦方程就必须力学化。人们曾经努力地尝试过这项工作，而那些方程本身倒是越来越有成果。人们习惯于把这些“场”当作独立的物质来处理，而并不认为有必要去寻找它们的力学本性。这样，人们几乎在不知不觉中放弃了把力学作为物理学的基础，因为力学终于无望适应各种事实。从那时候起，两种概念要素出现了：一方面是质点以及它们之间的超距作用力，另一方面是连续的“场”。这表明我们处于物理学的一种过渡状态，它没有一个统一的基础。这种状态虽然不能令人满意，但是，要想取代它还为时过早。

牛顿的绝对空间

现在，从第二个观点即内在的观点出发，来对作为物理学的形而上学基础提出一些批判。在抛弃了力学基础以后，对今天的科学境况来说，这种批判仅有方法论上的意义。但是，在将来的理论选择中，当基本概念和公理距离直接可观察的东西愈来愈远，这种批判所表明的一种论点就会发挥越来越重要的作用。首先，我要提到的是马赫的论点，其实，在此之前，这早已被牛顿清楚地认识到了（水桶实验）。从纯粹几何的角度来看，一切“刚性”坐标系在逻辑上都是等价的。力学方程（比如，惯性定律）只是在某一类特殊的坐标系，即“惯性系”中才是有效的。在这类联系中，至于坐标系究竟是不是有形客体并不重要。因此，为了说明这种特殊选择的必要性，人们就必须在理论所涉及的对象（物体、距离）之外去寻找某些东西。因此，牛顿把“绝对空间”作为最初限定词引进来，让它成为一切力学过程的一个无所不在的能动的参与者。所谓“绝对”，他显然是指不受物体及其运动的影响。使这种事态特别显得不堪的是这样的事实：应当存在无限个惯性系，它们相互之间是一种均衡的、无漩涡的匀速平移运动的关系，而又区别于一切别的刚性坐标系。

马赫推测，在一个真正合理的理论中，惯性必须像牛顿理论的其他各种力一样，取决于物体的相互作用。在很长一段时间内，我也认为这种想法是正确的。但是，它隐含的预设基本理论就应该是一般的牛顿力学：以物体和物体之间的相互作用作为原始概念。人们立刻就会发现，这种解决问题的方式与统一的场论是不相符的。

然而，从下面的类比中，我们可以相当清楚地看出，马赫的批判在本质上是多么正确。试设想，有人想创立一种力学体系，但他们只知道地球表面上很小的部分，而看不见任何星体。他们会倾向于把一些特殊的物理属性归因于空间的竖直维度（落体的加速度方向），并在这种概念之上，就有理由认为大地大体上是水平的。他们可能不会受以下观点的影响：空间就几何特性来说，是各向同性的，那么，偏爱某个方向的物理学基本定律就是不能令人满意的；他们可能（像牛顿一样）倾向于断言竖直方向的绝对性，因为这是经验证明了的，也是人们必须接受的。较其他空间方向而言，更偏爱竖直方向，与偏爱惯性系甚于其他刚性坐标系，这两点是完全类似的。

超距作用

现在来讨论其他观点，它们涉及力学的内在的简单性或自然性。如果人们未经批判的怀疑就接受了空间（包括几何）和时间概念，那么他们就没有理由反对超距作用力的观念，即使这个概念并不符合人们在日常生活的原始经验基础上形成的观念。但是，还有另一个因素使得那种把力学当作物理学基础的看法显得很幼稚。力学主要有两条定律：

1、运动定律；

2、关于力或势能的表示式。

运动定律是精确的，不过在力的表示式确定以前，它是空泛的。但是，在确定力的表示式时，还有很大程度的任意性，尤其是当人们抛弃了力仅仅取决于坐标（而不依赖于其相对于时间的导数）这个本身很不自然的要求时，更是如此。从一个点发出的引力（和电力）受势函数支配，这在理论体系内部，表达完全是任意的。补充一点：人们早就知道，这个函数是最简单的（旋转不变的）微分方程的中心对称解。因此，如果以此为线索，认为它产生于某个空间定律，这本身是可以接受的，从而可以消除选择力定律的任意性。这实际上也是使我们背离超距力理论的第一个认识，这种认识，由法拉第、麦克斯韦和赫兹做好了铺垫，以后在实验事实的压力下开始发展。

我还要提一下这个理论的一种内在的不对称性，即在运动定律中出现的惯性质量同样也在引力定律里出现，但不在其他各种力的表示式里出现。最后我还要指出，把能量划分为本质上不同的两类（即动能和势能），必定被认为是不自然的。赫兹对此深感烦恼，因此，在他最后的著述中，他试图将力学从势能概念（即力的概念）中解放出来。

洛伦兹的大胆一步

这已经够了。牛顿啊，请原谅我。你所发现的，在你那个时代，是一位具有最好推理能力和创造力的人所能找到的唯一的道路。你所创造的概念，今天仍然指导着我们的物理学思想，虽然我们知道，要想更加深入地理解各种关系，那就必须用另外一些更加远离直接经验领域的概念来代替它们。

惊奇的读者可能会问："这就算是讣告吗？"我要回答说："本质上是的。"因为像我这种类型的人，一生的精华，正是在于他所想的东西和他是怎样想的，而不在于他所做的或者所承受的。所以，这讣告可以主要限于传达一些在我的努力中起重要作用的想法。一种理论的前提越简单，它所涉及的事物的种类越多，它的应用范围越广，它就越能吸引人。因此，经典热力学给我留下了深刻的印象。我确信，在它的基本概念应用的范围之内，它是永远不会被推翻的唯一具有普遍内容的物理学理论（这一点请那些原则上是怀疑论者的人特别注意）。

在我的学生时代，最令人痴迷的是麦克斯韦理论。这个理论是从超距作用力向作为基本变量过渡的"场"的过渡，并以此显示出了革命性。光学被并入电磁理论，光速同绝对电磁单位制有关，折射率与介电常数有关，物体的反射系数与它的金属电导率之间存在着定性关系——这些好像是一种启示。除了向场论过渡，也就是，除了用微分方程来表示基本定律外，麦克斯韦只欠一个假设——在真空和电介质中引进位移电流及其磁效应。这几乎是由微分方程的形式特征预先规定了的。关于这点，我禁不住要说，法拉第和麦克斯韦这一对与伽利略和牛顿这一对之间有非常明显的内在相似性，每一对中的前者都通过直觉抓住了事物的联系，而后者则严格地用公式把这些联系表述了出来，并且定量地应用这些关系。

当时，使人难以清楚地把握电磁理论的本质的是下述特殊情况：电或磁的“场强度”和“位移”都被当作基本的变量来处理，空虚空间被认为是电介体的一种特殊形式。“场”的载体被认为是物质，而不是空间。这就暗示了“场”的载体应该有速度，而且，这当然也适用于“真空”（以太）。赫兹的移动物体的电动力学是完全建立在这种基本观点之上的。

洛伦兹的伟大功绩在于，他在这里以令人信服的方式完成了一个变革。按照他的观点，原则上“场”只能存在于虚空之中。被认为是由“原子”组成的物质，则是电荷的唯一基体；物质的粒子之间是空虚空间，它是电磁场的基体，而电磁场是由那些位于物质粒子上的点电荷的位置和速度产生的。介电常数、传导率等等，只取决于那些组成物体的粒子之间的力学联系的种类。粒子上的电荷产生“场”另一方面，“场”又以力的方式作用于粒子的电荷上，这里按照牛顿运动定律决定电荷的运动。如果人们拿这个与牛顿体系进行对比，那么其革新处就在于：超距作用被“场”所取代，而“场”能同时解释辐射。引力由于比较小而不予考虑，但是，通过扩充场的结构，即扩充麦克斯韦场定律，总有可能将引力包括在内。现在这一代物理学家认为，洛伦兹所得到的观点是唯一可能的。但在当时，这确实是一个惊人的大胆的步骤，要是没有它，就不可能有以后的发展。

如果人们批判地来看理论发展的这一阶段，那么他们就会注意到这个二元论，即表现在牛顿意义上的质点同作为连续区的“场”。彼此并列地被作为基本概念。动能和场能看上去是两种根本不同的东西。按照麦克斯韦理论，用运动电荷的磁场代表惯性，这就更加不能令人满意。那么，为什么不是惯性的总和呢？那样的话，剩下的只有场能了，而粒子只不过是一个场能密度特别高的区域。在这种情况下，人们可以希望，质点的概念以及粒子的运动方程都可以由场方程推导出来——那个令人烦恼的二元论就会消除了。

洛伦兹对此了解得很清楚。可是从麦克斯韦方程不能推出构成粒子的电的平衡。只是另一种非线性场方程才可能做到这一点。但是，不冒武断的危险，就无法发现这种场方程。无论如何，人们可以相信，在法拉第和麦克斯韦如此成功地开创的道路上，为所有找到一个新的可靠基础将逐步变得可能。

量子的发现

因此，由于“场”的引进而开启的这场革命，绝没有结束。在世纪交替时期，发生了同我们刚才讨论的事情无关的基本危机，由于麦克斯·普朗克对热辐射的研究（1900年）使人们突然意识到它的严重性。这个事件的历史由于下边的事实而值得注意：至少在开始阶段，它并没有受到任何惊人的实验发现的影响。

在热力学的基础上，基尔霍夫得出这样的结论：在一个器壁温度为T的不透光的容器内，辐射的能量密度和光谱组成与器壁的性质无关。这就是说，单色辐射的密度是频率和绝对温度的普适函数。这就引起了一个有趣的问题：如何决定这个函数。关于这个函数，在理论上我们可以确定些什么呢？根据麦克斯韦理论，辐射必定会对腔壁产生一个压力，这个压力由总能量密度决定。从这点出发，玻尔兹曼用纯粹热力学方法推出：辐射的总能量密度同T成正比。从而他为早先已由斯藩根据经验发现的定律找到了理论根据——他将这条经验定律同麦克斯韦理论的基础联系了起来。此后，维恩运用麦克斯韦理论，在热力学上进行了创造性的思考，同时也发现了含有两个变量的普适函数的精美形式。两个普适常数之一导致了量子论。

普朗克公式中的一个常量准确地给出了原子的真实大小。

普朗克清楚地意识到这是一个伟大的成功。但是这里有一个严重的缺陷，幸而当初普朗克没有注意到。由于同样的考虑，应当要求普朗克公式同样适用于低温状态。然而，如果真的是这样的话，这个公式也就完蛋了。因此，从现有的理论看，正确结论应当是：气体理论给出的振子的平均动能是错误的。那就意味着否定了（统计）力学，或者由麦克斯韦理论得出的振子的平均动能是错误的，那就意味着放弃了麦克斯韦理论。在这种情形下，最可能的是，这两种理论都只有在有限的范围内是正确的，此外则不然。后边的情况确实如此。如果普朗克得出了这样的结论，就不会有他的伟大发现了；因为这样就剥夺了他的纯粹思考的基础。

现在回到普朗克的推理。根据气体分子运动论，玻尔兹曼已经发现，除去常数因子外，熵等于我们所考察的状态的“概率”的对数。通过这种观点，他认识到在热力学意义上过程是“不可逆”的。然而，从分子力学的观点来看，所有过程都是可逆的。如果人们把由分子论定义的状态叫作微观描述的状态，或者简称为微观状态，而把由热力学描述的状态称为宏观状态，那么，有无数个状态属于宏观状态。这种想法之所以显得格外重要，是由于它的适用范围并不局限于以力学为基础的微观描述。普朗克意识到了这一点，并且把玻尔兹曼原理应用于一种由很多具有同样频率的振子所组成的体系。宏观状态是由所有这些振子振动的总能量决定的，而微观状态则取决于单个振子的瞬时能量。因此，为了能用一个有限的数来表示属于一个宏观状态的微观状态的数目，普朗克把总能量分成大但个数有限的同质能量元，并且问，在振子之间有几种方式分配这些能量元？于是，这个数目的对数就决定了系统的熵。并因此（通过热力学）决定了系统的温度。如果普朗克为他的能量元取值，他就得到了辐射公式。这种思考方式不能使人清楚地看出，它同推导过程所依据的力学和电动力学的基础是相矛盾的。可是实际上，推导过程暗含了能量只能在固定大小的“量子”被单个振子吸收和发射。也就是说，可振动的力学结构的能量以及辐射能量，都只能在这种量子中传递。这是与力学定律和电动力学定律相违背的。这与动力学的矛盾是基本的，而与电动力学的矛盾可能没有那么基本。因为辐射能量密度的表示式虽然与麦克斯韦方程相容，但它并不是这些方程的必然结果。以这个表示式为基础的斯蒂芬——玻尔兹曼定律和维恩定律与经验相符合，这就表明这个表示式提供了重要的平均值。

普朗克的基本思路发表后不久，上述一切我都已十分清楚。因此，尽管没有出现经典力学的代替理论，我还是能看出，这条温度——辐射定律，为光电效应，为其他同辐射能量的转换有关的现象，为固体的比热（比热容），带来了什么结果。可是，我所做的使物理学的理论基础同这种认识相适应的一切尝试都失败了。这就像脚下的土地都被抽空后，人们看不到任何可以在上面建筑的巩固基地。这个摇晃不定且自相矛盾的基础，竟足以使一个像玻尔那样独特直觉和敏锐思维的人发现光谱线和原子电子壳的主要定律，以及它们对化学的意义。这件事对我来说是一个奇迹，即使是今天，在我看来仍然如此。这是思想领域中最美妙的韵律。

布朗运动和原子的实在性

虽然普朗克的工作所取得的具体结果可能非常重要，但在那个年代里，我的兴趣不在于此。我所关心的主要问题是：从关于辐射结构，或者更一般地说，从关于物理学的电磁基础的辐射公式中，我们能够得出什么样的普遍结论呢？在深入讨论这个问题之前，我必须简要地提到关于布朗运动及有关课题（波动现象）的一些研究。它们主要是以经典分子力学为基础的。玻尔兹曼和吉布斯的研究早已发表，而且已经把问题彻底解决了，但我对这些并不知晓。于是，我发展了统计力学，以及以此为基础的热力学的分子运动论。我这么做，主要是要找到一些事实，尽可能确证那些确定的有限大小的原子的存在。这时我发现，按照原子论，一定可以观察到的一种悬浮微粒的运动。而我并不知道，关于这种“布朗运动”的观察早已是人所共知了。最简单的推论是以如下的考虑为根据的。如果分子运动论确实是正确的，那么那些可见的粒子的悬浮液就一定也像分子溶液一样，具有符合气体定律的渗透压。这种渗透压同分子的实际大小有关，亦即同一克当量中的分子个数有关。如果悬浮液的密度不均匀，那么各处的渗透压也会因此而不同，这就会引起一种趋向均匀的扩散运动，这能从已知的粒子迁移率计算出来。但另一方面，这种扩散也能被看作是悬浮粒子因热骚动而引起的。最初我们并不知道无规偏移的大小。通过对比，由两种不同的推导方式所得出的扩散电流的数值，人们就可以定量地得到这种位移的统计定律，也就是布朗运动定律。这些研究与经验相一致，以及普朗克根据辐射定律测定了分子的真实大小，这使得当时许多怀疑论者相信了原子的实在性。这些学者对原子论的敌对态度，无疑可以溯源于他们的实证主义哲学立场。这是一个有趣的例子，它表明即使是那些有冒险精神和敏锐直觉的学者，也可能因为哲学上的偏见而妨碍他们对事实做出正确的解释。这种偏见尚未消失，它相信，无须借助概念构造，事实本身就能够而且应该为我们提供科学知识。这种误解之所以可能，只是因为人们很难认识到对这些概念的任意选择：经过长期、成功的使用，这些概念看上去同经验材料直接相关。

布朗运动理论的成功再一次表明：当速度对时间的高阶求导

小到可以忽略不计时，把经典力学用于这种运动，其结果总是可靠的。根据这种认识，我们可以利用一种比较直接的方法，从中求得一些关于辐射结构的知识。我们可以这样论证：在充满辐射的空间里，一块（垂直于自身平面）自由运动着的准单色反射镜，必定要做一种布朗运动。如果辐射不受局部波动的支配，镜子就会逐渐静止，因为，由于它的运动会导致它的正面的辐射要比背面的多。可是由于组成辐射的波束互相干扰，作用于镜子上的压力必定会有某种不规则的波动。这种波动都能够从麦克斯韦理论计算出来。为了能够得到这个结果，人们必须假定另一种类型的压力变化。这种方法以激烈而直接的方式表明，普朗克的量子必须被认为是一种直接的实在，因而，从能量角度来看，辐射必定具有一种分子结构。这显然与麦克斯韦理论相矛盾。直接依据玻尔兹曼的熵概率关系（概率等于统计的时间频率）对辐射所做的研究也得到同样的结果。辐射的（和物质微粒）这种双重性是实在的一种主要性质，它已经由量子力学以相当巧妙而且非常成功的方式做了解释。在当时，几乎所有物理学家都认为这种解释是最终答案，但在我看来，它仅仅是一条权宜之计。后面我们将对这点做进一步论述。

抛弃绝对同时性

早在1900年以后不久，也就是普朗克的开拓性工作完成不久，这类思考已让我清楚地看到：不论是力学还是电力学（除非在极限情况下）都不是确有实效的。渐渐地，我对那种根据已知事实用创造性的努力去发现真实定律的可能性丧失了信心。我努力得愈久，越拼命，就愈加确信：只有发现一个普遍形式的原理，我们才能得到可靠的结果。热力学就是我面前的一个范例。在热力学中，普遍原理是用这样的定理形式给出的：自然规律是这样的，它们使得建造（第一类和第二类）永动机成为不可能。但是怎样找到这样一条普遍原理呢？经过十年的沉思以后，我从一个悖论中发现：如果我以速度c（真空中的光速）追随一条光线，那么我就应当看到，这样一条光线虽然在空间里振荡，却像一个停滞不前的电磁场。可是，无论是依据经验，还是按照麦克斯韦方程，这样的事情都不会可能发生。从一开始，直觉告诉我，从这样一个观察者的立场进行判断。任何事物都应当按照同样的一些定律进行，像一个相对于地球是静止的观察者所看到的那样。因为，第一个观察者怎么会知道，或者确定，他自己是处在均匀的快速运动状态中呢？

人们发现，这个悖论已经包含着狭义相对论的萌芽。时至今日，谁都知道，只要时间或同时性的绝对性这条公理不知不觉地留在人们的潜意识里，那么任何想要令人满意地澄清这个悖论的尝试，都注定要失败。清楚地认识这条公理以及它的任意性，就已经蕴涵着问题解决的关键。对我来说，发现这个要点所需要的批判思想，是在阅读了休谟和马赫的哲学著作之后而得到了决定性的进展。

人们必须清楚地了解，在物理学中一个事件的空间坐标和时间点的值意味着什么。空间坐标的物理学解释，预设了一个刚性参照物，而且，这个参照体必须处在某种程度上确定的运动状态中（惯性系）。在一个既定的惯性系中，坐标就用（静止的）刚性杆做表示某些测量的结果（人们始终应当知道，假设原则上存在刚性杆，这来自一种由近似经验的暗示，但这个假设在原则上是任意的）。由于这样一种对空间坐标的解释，欧几里得几何的有效性问题便成为一个物理学上的问题了。

这样，如果人们想用类似的方法来说明一个事件的时间，那就需要一种量度时间差的工具（这是一个内在决定的周期过程，是借助一个空间广延足够小的体系来实现的）。一只相对于惯性系是静止的钟定义了一个“当地时间”。如果已有一种尺度去“校准”所有的钟，那么，所有空间点的当地时间组合在一起，就是给定的惯性系的“时间”。人们看到，这样定义的“时间”在不同的惯性系中不必彼此一致。假如，对于人们日常的实践经验而言，光不被用来确定绝对同时性（因为光速的数值很大），那么，人们早就该注意到这一点了。

对原则上存在（理想的，或完美的）量杆和时钟的假定是彼此相关的，如果关于真空中光速恒定不变的假设不导致矛盾，那么，在刚性杆两端之间来回反射的一个光信号就构成了一只理想的时钟。

对狭义相对论的认识

上述悖论可以表述如下：根据经典物理学，事件之空间坐标和时间从一个惯性系转移到另一个惯性系时相互关联；这些关联规则，使得下面两条假定互不相容（尽管两者各自都是以经验为基础的）：

1．光速不变；

2．定律（尤其是光速不变定律）同惯性系的选取（狭义相对性原理）无关。

狭义相对论最基本的认识是：如果事件的坐标和时间的变换呈现一种新的关系（“洛伦兹变换”），那么这两个假定就彼此相容了。考虑到既定的关于坐标和时间的物理学解释，这绝不仅仅是普通的一步，而且还包含着某些关于运动着的量杆和时钟的实际行为的假说，而这些假说可以被实验证实或者推翻。

狭义相对论的普遍原理包含在这个假定中：关于洛伦兹变换（从一个惯性系向其他任意一个惯性系的转换。）严格地说，量杆和时钟应当表现为基本方程（由运动着的原子所组成的客体）的解，而不是似乎理论上独立的实体。可是这种做法可以理解，因为一开始就很清楚，这理论的假设不够有力，还不足以从其中推导出完全独立且能充分排除任意性的关于物理事件的方程，并以此为基础来建立量杆和时钟的理论。如果人们不愿放弃一般意义上的关于坐标的物理解释（这本来是不可能的），那么，最好还是包容这种不一致性，当然，我们有责任在以后的理论发展中把它消除。但是，人们不应当把上述缺点合法化，以致把距离想象为本质上不同于其他物理量的特殊类型的物理实体（“把物理学还原为几何学”等等）。

我们现在来看，物理学中有哪些具有确定性的认识应该归功于狭义相对论。

1. 在不同地点发生的事件之间没有同时性，因而也就没有牛顿力学意义上的直接超距作用。虽然，根据牛顿力学，引入以光速传播的超距作用还是可行的，但是却显得很不自然。因为在这样的一种理论中，不可能有能量守恒原理的任何合理陈述。因此，不可避免地要用空间的连续函数来描述物理实在。所以，质点就不能再被认为是理论的基本概念了。

2. 动量守恒定律和能量守恒定律融合并成为单独的一条定律。封闭体系的惯性质量就是它的能量，因此，质量不再是一个独立的概念了。

光速c在物理方程中是作为“普适常数”出现的物理量之一。可是，如果用光走过1厘米的时间作为时间单位，来代替秒，那么c在这方程中就不再出现。在这个意义上，我们说，常数c只是一个表面上的普适常数。

有一点很明显，而且是大家所公认的，如果适当选取“自然”单位（比如电子的质量和半径）来代替克和厘米，那么还可以从物理学中消去另外两个普适常数。

如果我们这样做了，那么在物理学的基本方程中就只有“无量纲”常数了。与此相关，我想讲这样一条命题，它目前仅仅建立在对自然的简单性或可理解性的信念上。（这任意一个惯性系的转换的）物理学定律恒常不变。这是对自然法则的一条限制性原理，它可以同那条作为热力学基础的关于永动机不存在的限制性原理相比拟。

首先说明一下这理论与“四维空间”的关系。一个流行的谬误认为，狭义相对论似乎应该在一定程度上首先发现了，或者至少以新的方式引进了物理连续区的四维性。事实并非如此。经典力学也是建立在空间和时间的四维连续区之上的，但是在经典物理学的四维连续区中，时间值恒定的截面有绝对的实在性，即与参照系的选取无关。因此，四维连续区就自然而然地分化为一个三维和一个一维（时间），所以，四维的观点对于人们就不是必需的了。与此相反，狭义相对论使作为一方的空间坐标与作为另一方的时间坐标在进入自然规律的过程中，产生了一种形式上的依存关系。

闵可夫斯基对这一理论做出了重要贡献。在他之前，人们还必须进行一次洛伦兹变换来检验一条定律在这种变换下的不变性；闵可夫斯基成功地引进了这样一种形式体系，使定律的数学形式本身就能保证它在洛伦兹变换下的不变性。通过创造一个四维张量演算，普通的矢量演算能从三维空间中获得的东西，他同样能够从四维空间获得。他还指出，洛伦兹变换（除去因时间的特殊性质而造成的正负差异）仅仅是坐标系在四维空间中的转动。

首先，让我们对上述理论提一点批评性意见。人们注意到，这理论（除四维空间外）引进了两类物理学的东西，即：①量杆和时钟；②其余一切东西，比如电磁场、质点等等。命题就是：这种任意的常数是不存在的。也就是说，自然界就是这样构成的。它使得人们制定一些强决定性定律在逻辑上成为可能；在这些定律中，只有完全被理性确定了的常数（不是那些在不破坏这种理论的情况下其数值也能改变的常数）才能出现。

狭义相对论及其超越

狭义相对论的起源要归功于麦克斯韦的电磁场方程。反过来，后者也只有通过狭义相对论，才能在形式上以令人满意的方式被人们理解。麦克斯韦方程是从矢量场导出的反对称张量假定的最简单的洛伦兹不变场方程。假如我们没有从量子现象中知道麦克斯韦理论不能正确解释辐射的能量特性，那么这个理论本来是会令人满意的。但是，如何才能自然地修改麦克斯韦理论呢？对此，狭义相对论也没有提出足够的根据。而且它也不能回答马赫的问题：为什么惯性系在物理学中比其他坐标系更具有特殊性？

当我试图在狭义相对论的框架下表示引力的时候，我才完全明白，狭义相对论仅仅是必然发展的第一步。在用“场”来解释的经典力学中，引力表现为一种标量场（具有单一分量的、理论上最简单的场）。首先，引力场的这种标量理论，很容易做到对于洛伦兹变换群保持不变。因此，下述纲领看来就自然了：物理场的总体由一个标量场（引力场）和一个矢量场（电磁场）组成。以后的认识也许会逐渐引入一些必要的更加复杂的“场”，但是开始时人们还不需要为此担心。

然而，实现这个纲领的可能性从一开始就受到怀疑，因为这个理论必须同时具备以下性质：

1. 对狭义相对论的一般研究表明，物理学体系的惯性质量随其总能量的增加而增加（比如随动能增加而增加）。

2. 根据非常精确的实验，尤其是根据厄缶的扭秤实验，可以非常精确地得出这个结果：物体的引力质量与惯性质量完全相等。

从1和2可以得知，一个体系的重量明显地取决于它的总能量。如果理论不能满足这一点，或者不能自然地做到这一点，我们就应当抛弃这个理论。这种情况最自然的表述方式是：在某一既定的重力场中，自由下落系统的加速度与这下落系统的本性（特别是它的能量含量）无关。

事实表明，在这个纲领所描绘的框架下，根本不能，或者无论如何不能以自然的方式来满意地表现这个简单的情况。这点使我相信，在狭义相对论的结构中，不可能有令人满意的引力理论。

现在我知道，惯性质量与引力质量相等，也就是引力加速度同落体的本性无关这件事，可以表述如下：在一个（小空间范围）引力场里，如果我们引进一个参照系来取代"惯性系"，而这个参照系是相对这个惯性系做加速运动的，那么在这个"场"中，事物就会像在没有引力的空间里那样行动。

这样，如果我们把物体相对后一参照系所做的运动看做是由"真实的"（而不只是表面的）引力场引起的，那么像原来的参照系一样，我们就把这个参照系看作是一个"惯性系"，并且与原来的参照系有同样多的合理性。

因此，如果人们深入研究引力场的物理学可能性，而且这个引力场不是受到空间界限的限制的话，那么，"惯性系"这个概念就变得完全空洞了。这样，"相对空间加速度"的概念连同惯性原理、马赫悖论也都失去了任何意义。

我是如何得到广义相对论的

惯性质量同引力质量相等这个事实，很自然地使人认识到，狭义相对论的基本假设（在洛伦兹变换下这些定律的恒常性）是太狭窄了，也就是说，我们必须假设，定律的不变性与四维连续区中的坐标的非线性变换相关。

这发生在1908年，为什么还需要7年时间来建立广义相对论呢？其主要原因在于：要从坐标必须有直接的度规意义这一观念中解放出来很不容易。这个转变大体上是以如下方式发生的：

我们先设想一个没有“场”的空虚空间，在狭义相对论的意义上，对于一个惯性系来说，它是我们可以想象的最简单的物理状况。现在我们设想引进一个非惯性系，这新的参照系相对于惯性系（在三维的描述中）在一个（传统意义的）方向上做匀加速运动，于是，相对于这个参照系，就有一个静止的、平行的引力场。这时，这参照系可以是刚性的，并具有欧几里得性质的三维度规关系。但是，那个“场”出现静态的时间，却不是用构造相同的静止的钟来量度的。从这个特例中，我们可以认识到，一旦容许坐标的非线性变换，那么坐标也就失去了直接的度规意义。可是，如果人们想要通过这个理论的基础适当处理引力质量与惯性质量相等的事实，并且想克服马赫关于惯性系的悖论，那么，我们就必须容许坐标的非线性变换。

但是，如果现在必须放弃坐标系的直接的度规意义（坐标的差=可测的长度或时间），人们就只能将一切由坐标的连续变换所能造成的坐标系都当作是等价的。

因此，广义相对论就由下述原理出发：自然规律要用那些在连续的坐标变换群下协变的方程来表示。这个群代替了狭义相对论的洛伦兹变换群，而洛伦兹变换群也成了前者的一个子群。

这种要求本身，当然不足以充当推导物理学基本方程的出发点。起初，人们甚至会否认这个假设本身真正限定了物理规律。因为对于最初只是针对某些坐标系而规定的定律，总有可能重新加以表述，使新的表述方式具有广义协变性。进一步说，一个当下自明的事实是，可以建立无限多个具有这种协变性特征的场定律。但是，广义相对性原理的著名的启发性意义就在于，它引导我们去探求那些具有尽可能简单的广义协变形式的方程组，我们应当从这些方程组中找出物理空间的场定律。通过这样的变换进行相互转换的"场"，都表现了同样的实在状况。

对所有在这个领域里探索的人们来说，他们的主要问题是：可以用来表示空间的物理性质（"结构"）的量（坐标的函数）是属于哪一种数学类型？然后才是，这些量满足于哪些方程？

这些问题的答案至今还不确实可靠。广义相对论的最初表述的途径可以做如下选择。我们还不知道该用何种场变量（结构）来表征物理空间，但是我们确实知道一种特殊情况，那就是狭义相对论中的"没有场"的空间。

现在谈谈关于"场"结构和"变换"群的一般性看法。显然，一般说来，人们会这样来判断一个理论：作为理论的基础的"结构"愈简单，场方程不变性满足群的范围愈广，那么这理论也就愈完善。现在人们可以看出，这两个要求是彼此互相冲突的。比如，按照狭义相对论（洛伦兹群），人们可以为可想象的最简单的结构（标量场）建立一条协变定律，而在广义相对论（范围较广的坐标连续变换群）中，存在着一个只适用于较复杂的对称张量结构的不变场定律。对此，我们已经提出了物理学说明。物理学中，必须要求范围较广的群的不变性。根据纯数学的观点，我看不出有必要为较宽广的群而牺牲较简单的结构。

广义相对论的群首次要求，最简单的不变性定律的场变数及其导数不再是线性的、齐次的。这一点非常重要。如果场定律是线性的（和齐次的），那么，两个解之和也是一个解，比如麦克斯韦场方程在虚空中的就是这样。在这样一种理论中，人们不可能只从场定律推导出分别代表系统各个解的结构之间的相互作用。因此，到现在为止的所有理论中，除场定律外，还需要有物体在场作用下运动的特殊定律。在相对论的引力论中，固然除场定律外，最初还独立地假定了运动定律（短程线）。可是，人们后来发现，这条运动定律并不需要（也不应该）独立假定，因为它已经隐含在引力场定律之中了。

这种复杂情况的本质可以形象地表述如下：一个单一的静止质点可以用一个各处（除该质点所在的地点以外）有限且匀称的引力场来表示。可是，如果利用场方程的积分来计算属于两个静止质点的“场”，那么。这个“场”除了在两个质点所在地点上有两个奇点外，还有一条连接两点的奇点曲线。可是，人们可以这样来规定质点的运动，以至于除质点所在地点以外，由这些质点所决定的引力场各处都不是奇异的。这些正是牛顿定律在第一级近似下所描述的运动。因此，人们可以说，物体以这样的方式运动，以致除质点外，场方程的解在任何地方都不会出现奇点。引力方程的这种属性，同方程的非线性直接有关，而这种非线性又源自范围较广的变换群。

现在，人们当然可能会这样反对：如果允许在质点所在地点出现奇点，那么有什么理由可以禁止在空间的其他地方也出现奇点呢？如果引力场方程被看做是总场的方程，那么，这种反对意见就应当是合理的。可是，情况并非如此，人们必须说，物质质点的“场”越接近粒子所在点，这个场就越不是纯粹的引力场。如果人们有总场的场方程，那么势必要求粒子本身都可以被描述为完备的场方程的没有奇点的解。只有这样，广义相对论才是一种完备的理论。

量子理论的将来

在讨论如何完成广义相对论这个问题以前，我必须对这个时代最成功的物理理论，即统计性量子理论，表明我的态度。25年以前，这种理论就已经由薛定谔、海森堡、狄拉克和玻尔给出了统一的逻辑形式。现在，它是能对经历到的微观力学事件的量子特征提供统一理解的唯一的理论。一方是这个理论，另一方是相对论，两者在一定意义上都被认为是正确的，虽然迄今为止想把它们融合起来的一切努力都没有成功。这也许就是在当代理论物理学家中“对未来物理学的理论基础将会如何”这个问题存在着完全不同观点的原因。它会是一个场论吗？或者，它本质上是一种统计性的理论？在这里，我将简单地说一下我对这个问题的想法。

物理学是从概念上把握实在的一种努力，至于实在与是否被观察，则被认为是无关的。人们就是在这个意义上谈论“物理实在”的。在量子力学以前，对如何理解这一点，并没有疑惑。在牛顿的理论中，实体是由空间和时间里的质点来表示的。而在麦克斯韦看来，实体是由时空中的“场”决定的。在量子力学中，情况就不那么容易看得清楚了。如果有人问：量子理论中的函数，是否正像一个质点系或者一个电磁场一样，表示一个实际状况呢？那么，人们就会犹豫不决，不敢简单地回答“是”或者“否”。为什么？因为，函数（在一个确定的时刻）所陈述的是：如果我在时间t进行量度，那么在一段确定的已知时间中能找到一个确定的物理量q的概率是多少？在这里，这个概率被看作是一个可以在经验上测定的，因而确实是“真实的”量，只要能够经常造出同样的函数，并且每次都能进行测量，我也许能测定它。但是，每次测得的值是怎样的呢？有关的单个体系是否在量度前就已经有这个值呢？对于这些问题，现存的理论框架里，没有明确的回答。因为，测定是一个过程，这确实意味着外界对系统施加有限干扰，因此，可以想象，只有通过测量本身，系统才能获得一个确定的数值。为了做进一步的讨论，我设想有两个物理学家A和B，他们对量子函数所描述的实在状况持有不同的见解。

A，单个系统（在测量前）对于一切变量，都具有一个确定的q（或p）值，而且，这个值就是在测量这个变量时所得到的。从这种观念出发，他会说，量子函数不是对体系的实在状况的完整描述，而仅仅是一种不完备的描述，它只是表达了我们由于先前的测量而获得的关于系统的知识。

B，单个系统（在测量前）不存在确定的q（或p）值。只有通过符合函数所表达的概率的测量行为本身，才能得出这个值。从这种观念出发，他将会（或者，至少可以）说，函数是对系统真实状况的一种穷尽的描述。

现在我们向这两类物理学家展示出下面这类情况。有一个系统，在我们观察的时刻t，由两个局部系统组成，而且在这个时刻，这两个局部系统在空间上是分开的，彼此（在经典物理学的意义上）也没有多大相互作用。根据量子力学，这整个系统可以用一个已知的函数完全描述。

现在，我觉得，人们可以谈论局部系统的真实状况了。起初，在对系统一进行测量以前，我们对这个真实状况的了解，比我们对一个由函数描述的系统的了解还少。但是，照我的看法，我们应当无条件地坚持这样一个假定：体系的真实状态，同我们对那个在空间上同它分开的系统所采取的措施无关。对于同一个实在状况，可以（按照人们对选择哪一种量度）找到不同类型的函数（人们只有通过下述办法才能避开这种结论：要么假定对量度会用传心术的办法改变实状况，要么根本否认空间上互相分开的事物能有独立的实在状况。在我看来，两者都是完全不能接受的）。

如果现在物理学家A和B认为这种推理是有效的，那么*B*就必须放弃他的立场，即认为函数是关于实在状况的一种完备的描述。因为，在这种情况下，系统二的同一个实在状况，不可能与两种不同类型的函数相对应。

因此，量子力学对系统的不完全描述必然会导致目前理论的这种统计特征，而人们也不再有任何理由可以设想未来物理学的基础必须建立在统计学上。

我不同意其他物理学家的地方

我认为，如果给出一些确定的概念，当前的量子理论主要来自经典力学的基本概念，形成了一种对联系的最适宜的表述方式。可是，我相信这个理论不能为将来的发展提供任何有用的起点。正是在这一点上，我的期望与当代多数物理学家有极大的分歧。他们相信，这样一个理论，用满足微分方程的空间的连续函数来描述事物的实在状态的那种理论，不可能解释量子现象（一个体系的状态的变化，表面上不连续，时间上不确定，能量基本载体同时具有粒子性和波动性）的本质特征。他们同样认为，人们以这种方式无法理解物质和辐射的原子结构。相反，他们料到，为这样一种理论特意考虑的微分方程体系，根本不会有那种有四维空间里各处均匀（没有奇点）的解。但是，他们首先相信，只有通过一个本质上是统计性的理论，才能描述基本过程表面上的非连续性，因为这理论中，用可能状态的概率的连续变化来解释系统的非连续变化。

所有这些意见，给我留下了十分深刻的印象。但在我看来，下面的问题才应该是事情的症结：就物理学理论的当前情况而言，可以做哪些尝试才有成功的希望？在这个问题上，引力论中的经验指明了我的期望方向。在我看来，这些方程，比所有其他物理方程更有希望告诉我们一些准确的东西。比如，人们可以拿它与虚空的麦克斯韦方程做比较。这些方程符合我们关于无限弱的电磁场的经验。这个经验根源决定了它们的线性形式，可是，前边已经强调指出，真正的定律不可能是线性的，而且也不可能从这些线性方程中得到。我从引力论中还学到了其他东西：经验事实不论收集得多么全面，都不可能帮助人们提出如此复杂的方程。一个理论可以用经验来检验，但是经验中没有通往理论的道路。像引力场方程这样复杂的方程，只有通过发现逻辑上简单的数学条件才能找到，这种数学条件完全地或者几乎完全地决定了这些方程，一旦找到了那些足够强的形式条件，那么，人们只需要少量的事实知识就可以构造这个了；在引力方程这个例子中，表示四维性和空间结构的对称张量，连同对连续变换群的不变性，这些几乎就完全决定了这些方程。

我们的任务是为总场找到场方程。所求的结构必须是对称张量的某种一般化。它所满足的群的范围一点也不比连续坐标变换群狭小。如果人们引入一个更为丰富的结构，那么这个群就不会像在以对称张量为结构时那样强地决定这些方程了。因此，如果人们能够做到类似于从狭义相对论到广义相对论所采取的步骤，把群再一次扩充，那就是最美好了。我曾特别尝试过利用复数坐标变换群。所有这样的努力都没有成功。我曾经公开地或隐蔽地放弃了去增加空间维数，这种努力最初是由卡鲁查开始的，这种努力至今还有其拥护者，虽然已经改头换面了。我们应该把自己限定于四维空间和连续的实数坐标变换群。

空间结构的推广，从我们的物理知识的观点看来，似乎也是很自然，因为我们知道，电磁场同反对称张量有关。

在引力理论中最重要的是，对于一个既定的对称的“场”，可以定义一个“场”，它的下标是对称的。从几何学来看，它支配着矢量的平移。与此相似，对于非对称的，可以按照公式来定义一个非对称的。这公式同对称的相应关系是符合的，自然只是在这里才有必要注意它的下标的位置。

如果这些叙述向读者说明了我毕生的努力是怎样相互联系的，以及这些努力为什么已导致一种确定形式的期望，那就已经达到目的了。

爱因斯坦写于1946年

附录二　广义相对论的实验证实

从系统理论观点来看，我们可以想象，经验科学的进展过程其实是一个连续的归纳过程。理论发展以特殊的简短形式陈述了大量完全根据个体观测到的结果的经验定律，再通过对这些定律的探知、比较，以此确定普遍定律。科学的发展与编辑分类目录相比具有雷同之处，它犹如一种纯粹的、完全根据经验的工作。

但是这种观点绝不意味着包含了全部的实际过程，因为它忽视了严格、精确的科学过程中起重要作用的直观和演绎思考的发展作用。自然科学自诞生之日开始，理论的发展已不再仅仅是依靠进程安排来实现，引导者受经验数据的启发，而建立起一个比较系统的思想体系。一般而言，这个思想体系从逻辑上看是用少量基本假设，即公理，建立起来的。这一思想体系被我们称之为理论。大量的个别观察联系起来构成理论存在的理由，这也是理论“真实性”的存在。

与同一个复杂的经验数据相符合的，也许会有好几个理论，而这些理论或许会在相当大的程度上有所不同。但就理论中的测试及能够加以检验的推论而言，都很难找到这几个理论中不一致的推论。例如，如，在生物学领域中有一个令人普遍感兴趣的事例，即达尔文学说中物种发展是通过选择生存竞争的理论，和假设物种是基于后天通过自己努力，所得到的特性可遗传的发展理论。

我们还有牛顿力学和广义相对论这一例子可以说明两种理论的推论是基本上一致的。在广义相对论未创立之前，物理学中导出的能够加以检验的推论到现在为止我们所能找到的仍寥寥无几，尽管牛顿力学和广义相对论间有深刻的差异存在于基本假定中。下面，我们再次考虑这些重要的推论，还要讨论迄今完全根据经验迹象得出的推论。

水星近日点①的运动

按照牛顿力学和牛顿的引力定律，行星围绕太阳旋转，绕环形轨道描绘一个椭圆，或者更恰当地说，太阳和行星共有一个重心呈椭圆运动。在这样的体系中，太阳，或者共同重心，位于椭圆轨道的一个焦点上，在两个行星年期间，太阳与行星间的距离由极小值发展为极大值，随后又再一次向极小值减少。如果代替牛顿定律，而引进稍有不同的引力定律应用于计算之中，我们就会发现，根据新的定律，太阳和行星之间的距离在行星运动的过程中，仍表现出周期性的变化。但是这样，太阳和行星的连线所在的一个周期中（从近日点——最接近太阳的点——到近日点）所经过的角仍不是360° 。因而轨道曲线将不是闭合曲线。最后，经过一定的时间，轨

① 近日点：一颗行星或彗星距太阳最近的点。当对象为地球而非太阳时则使用“近地点”一词。天体轨道只能有一个近日点，而远日点则可以没有或有一个。

道曲线将填满轨道平面的环形部分，即在太阳和行星之间，以最大距离和最小距离为半径的两个圆之间的环形部分。

按照与牛顿理论有所不同的广义相对论，一个很小的差异存在于牛顿—开普勒定律行星在其轨道上的运动间，当从一个近日点走到下一个近日点时，太阳—行星向径[①]所扫过的角度比对应于完全周转一周的角度要大，这个差值由

$$+\frac{24\pi^3a^3}{T^2c^2(1-e)}$$

决定。在这个表达式中，a表示椭圆的半长轴[②]，e是椭圆的偏心率[③]，c是光速，T是行星公转[④]的周期。我们的结果可以按照广义相

① 向径：又称径矢，是空间中点在坐标系中的矢量表示，即原点到某一点的矢量。在质点运动学，它是描述质点运动的基本参量。选定以参考系，质点的位置由原点到质点的径矢r径表示，径矢随时间的变化$r(t)$则完全描述了质点的运动。径矢的改变称为位移：$\Delta r=r_2-r_1$，径矢的导数称为速度：Δ：$r=\frac{dr}{dt}$径矢的二阶导数称为加速度$r=\frac{d^2r}{dt^2}$，不同坐标系中的径矢，直角坐标系：$r=x\hat{i}+y\hat{j}+zK$，坐标系：$r=pi+zj$；球坐标系：$r=\hat{r}$。

② 半长轴：半长轴是椭圆（行星公转轨道）长轴的一半长，长轴是过焦点与椭圆相交的线段长。半长轴长即是行星离主星的平均距离。近星点和远星点可由半长轴长与离心率计算得出，近日点$=a(1-e)$，远日点$=a(1+e)$。

③ 偏心率：常用于力学方面。在二次曲线的标准形式中，偏心率为，其$\varepsilon=\sqrt{1+\frac{2PE}{K}}$其中，$E$是相对运动的总机械能，$K$是有心力的势函数的比例常数。当$\varepsilon=0$时，即$E=\frac{K}{2P}$，其轨道是圆；当$\varepsilon<1$时，即$-\frac{K}{2P}<E<0$，其轨道是椭圆；当$\varepsilon=1$时，即$E=0$时，轨道是抛物线；当$\varepsilon>1$时，即$E>0$时，轨道是双曲线（对称反映）。

④ 公转：公转是一件物体以另一件物体为中心所做的循环运动，一般用来形容行星环绕恒星或者卫星环绕行星的活动。所沿着的轨道可以为圆、椭圆、双曲线或抛物线。

对论作如下表达：椭圆的长轴绕太阳旋转，其旋转方向与行星轨道运动方向相一致。理论要求水星的这一转动应达到每一世纪43″，然而这一转动的量值对我们太阳系的其他行星而言，应该是很小和必然观测不到的。

实际上，天文学家已经发现，牛顿理论对观测水星运动所达到的精确度，远非目前能达到的观测灵敏度所能满足。在考虑到另外的行星对水星的全部影响以后，发现（勒韦耶，1859年；纽康姆，1895年）让水星轨遭近日点的移动仍然无法解释，这种移动的量值与我们提及的每世纪43″并无很明显的差别，此项完全根据经验的结果的不确定性范围总计只达到几秒。

光线在引力场中的偏转

在本部分第五节中，按照广义相对论，一道沿直线传播的光线在穿过引力场时：其路程发生弯曲，光的这种弯曲情况与以抛物线抛出——通过引力场的物体其路程发生弯曲相似。作为一个理论结果，我们应该期望有一道光线从一个天体旁经过时将发生面向该天体的偏离。对于距离太阳半径中心处的一道光线而言，偏转角（a）应有如下关系：

$$\alpha=\frac{1.7''}{\Delta}$$

可以对这个理论再补充一句，该偏转的一半是由于太阳的牛顿引力场造成，另一半由太阳导致的空间几何形变（“变曲”）造成。

这一实验的结果也可以通过在日全食期间对恒星进行照相实验来进行检验。我们之所以选择必须在日全食期间的原因在于：只有在日全食时，才不会因在阳光的强烈照射下而看不见位于太阳圆盘附近的恒星。这一预言的结果可以从右上图中清楚地看到。如果太阳（S）没有出现，

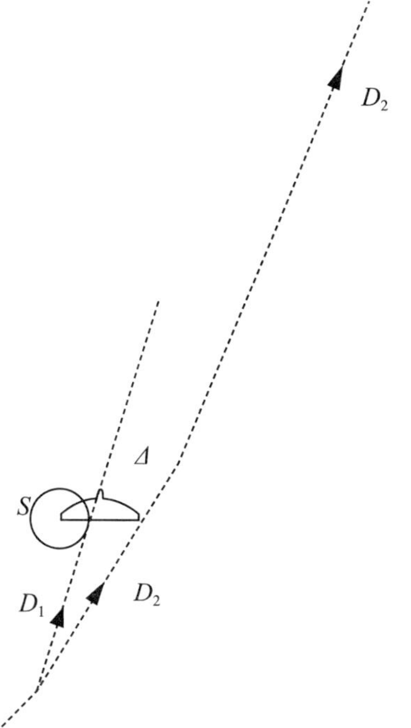

一颗实际上被视为无限远的恒星，在地球上观测，它位于方向D_1。但是由于这颗恒星的光在经过太阳时因引力场的作用而发生偏转，在地球上观测，它的位置将在D_2被看到，也就是这颗恒星的视位置比它的真位置离太阳的中心更为遥远。

在实践中，对这个问题的检验按以下方法进行：在日全食时对太阳附近的恒星拍照。此外，当太阳位于天空的其他位置时，也就是在日全食发生前或发生后的早几个月或晚几个月，对天空中的恒星拍摄另一张照片，将这张照片与标准照片比较，在日全食中的照片上，恒星的位置是沿径向外移（远离太阳中心）的，外移的量值对应于角α。

我很感激英国皇家学会和皇家天文学会对这个重要推论进行的

研究。这两个学会没有被第一次世界大战和由战争所引起的物质和精神上的重重困难所吓倒，他们的两个远征观测队整装待发，一个到巴西的索布拉尔，一个到西非的普林西比岛，并派出了几位英国最著名的天文学家（爱丁顿、柯庭汉、克罗姆林、戴维森），拍了1919年5月29日的日全食照片。在日全食期间，他们拍摄的恒星照片与其他作比较的标准照片之间的相对差异只有及其微小的一毫米的百分之几。因此，必须非常精确进行对照片的调准工作，而且对随后不同照片间的比较都需要有很高的准确度。

测量的结果以十分彻底且很满意的方式证实了这个理论。观测和计算所得的恒星位置对于太阳的偏差（以秒计算）的直角分量如下表：

恒星号	第一坐标		第二坐标	
	观测区	计算区	观测区	计算区
11	−0.19	−0.22	+0.16	+0.02
5	+0.29	+0.31	−0.46	−0.43
4	+0.11	+0.10	+0.83	+0.74
3	+0.20	+0.12	+1.00	+0.87
6	+0.10	+0.04	+0.57	+0.40
10	−0.08	−0.09	+0.35	+0.32
2	+0.95	+0.85	−0.27	−0.09

光谱线的红移

在本部分第六节中已经表明，假设系统K_1相对于伽利略系K而转动，其中构造完全一样而且相对于转动的参考物体保持静止的钟的走动频率与它所在的位置有关。现在我们将要对这一相倚关系进行

定量研究。钟A被放置于距圆盘中心r处，它有一个相对于K的速度，这个速度由

$$v=\omega r$$

决定，其中ω表示圆盘K_1相对于K的转动角速度。将v_0设为钟在单位时光的波粒二重性间内相对于静止的K的嘀嗒次数（钟的“时率”），那么当这个钟相对于圆盘保持静止，但又以速度v相对于K运动时，这个钟的“时率”，按照本部分第十二节，将由

$$v=v_2\sqrt{1-\frac{v_2}{c^2}}$$

决定，或者以充分的精密度由

$$v=v_0\left(1-\frac{1}{2}\cdot\frac{v^2}{c^2}\right)$$

决定。这一表达式也可以写成

$$v=v_o\left(1\cdot\frac{1}{c^2}\frac{\omega^2r^2}{2}\right)$$

如果我们以Φ表示一个存在于钟的位置和圆盘中心之间的离心力之差，考虑为单位质量从圆盘上钟的位置移动到圆盘中心为克服离心力所需要的值，那么我们有

$$\Phi=\frac{\omega^2r^2}{2}$$

由此得出下式：

$$\nu=\nu_0\left(1+\frac{\Phi}{c^2}\right)$$

首先，我们从这个表达式看到两个构成完全相同的钟，如果它们走动的频率不同，即说明它们所处的位置与圆盘中心的距离就有差异。在随圆盘转动的观测者看来，这个结果是成立的。

现在，从圆盘上去判断，圆盘处在一个势①为Φ的引力场中。因此，这一结果对普遍的引力场也是成立的。此外，我们可以将原子当做发出光谱线的一个钟，这样下述陈述得以成立：

一个原子吸收或发光的频率②依赖于该原子所处的引力场的势。

位于一个天体表面的原子的频率与处于自由空间中的（或位于一个表面狭小的天体上）同一元素的频率稍小。

这里，有$\Phi=-K\frac{M}{r}$，其中K是牛顿引力常数，M是天体的质量。因此，在恒星表面的光谱线的传播与在地球表面所产生的光谱线的传播相比较，应发生红向移动，移值是

---

① 势：亦称“位”，描述场的一种量。势一般与物理场相联系，但物理场不一定可用势来描述。势是随空间位置而变化的函数，其数值与势能有关。例如引力场中某点的引力势就是单位质量的质点在该点的势能。势有时也用来描述数学场，这时它与势能无关。

② 频率：频率是单位时间内某事件重复发生次数的度量，在物理学中通常以符号罗马字母f或希腊字母ν表示，其国际单位为赫兹（Hz）。设t时间内某事件重复发生n次，则此事件发生的频率为$f=n/t$赫兹。又因为周期定义为重复事件发生的最小间隔，故频率也可以周期的倒数表示，即$f=1/T$，其中T表示周期。在国际标准单位里，频率的单位——赫兹，是以德国物理学家海因里希·鲁道夫·赫兹的名字命名。1赫兹表示事件每一秒发生一次。

$$\frac{v_0-v}{v}=\frac{K}{c^2}\cdot\frac{M}{r}$$

相对于太阳来讲，在理论上预计的红向移动值约等于波长[①]的百万分之二。相对于恒星而言，可信赖的结果不可能得出，因为质量M和半径r还不为人所知。

此种未解决的问题是否还是继续存在，目前（1920年），天文学家为求得这项工作的解决投入了极大的热情。相对于太阳而言，因此种效应很小而难以对它做出是否存在的判断。格特勃、巴赫姆、艾沃舍德、史瓦西通过对氰光谱带的测量，认为此种效应的存在是确凿无疑的。而其他研究人员，特别是圣·约翰，却自他们的测量结果中，得出了相反意见。

光谱线必定会朝向折射较小的一端进行平均位移，这曾经在对恒星进行的统计调查中指出过。但是，是否是引力效应实际上导致了这些位移呢？然而，直到目前为止，根据对现有数据的研究，仍不能对这一问题有任何确定的结论。在艾·弗伦德里希的《广义相对论验证》（《自然科学》，1919年第35期第520页，柏林JuliusSpringer出版。）的论文中，所有的观测结果都被收集在一起，并从我们现在所注意的角度对那些结果进行了详尽讨论。

然而无论如何，最终的明确结论将在未来几年中得出。如果并不存在由引力势引起光谱线红向移动，则广义相对论就不能成立。另一方面，如果确实是引力势导致了光谱线的位移，那么我们关于天体质量的重要情报将由对位移的研究而来。

① 波长：沿着波的传播方向，在波的图形中相对平衡位置的位移时刻相同的两个相邻质点之间的距离。

附录三　相对论与空间问题

牛顿物理学的特点是，承认空间和时间是与物质一样的有其独立而实际的存在，这是因为牛顿运动定律中出现了加速度的概念。但是，按照这一理论，加速度只可能指“相对于空间的加速度”。所以，为了使牛顿运动定律中出现的加速度有意义，就必须把牛顿的空间看作是“静止的”，或者至少是“非加速的”。其实，牛顿把空间和空间的运动状态说成为具有物理实在性并不妥当，但是，为了使力学具有明确的意义，当时并无其他办法。

要人们把一般的空间视为具有物理实在性，的确是一种苛求，古往今来的哲学家们均一再拒绝这样的假设。笛卡儿曾经如此论证：空间与广延性是同一的，但广延性是与物体相联系的。因此，没有物体的空间是不存在的，亦即一无所有的空间是不存在的。这个论点的不足是显而易见的。广延件概念起源于我们能把固体铺展开来或拼靠在一起的经验。照这样来推广概念是否合理，可以间接地由其对于理解经验结果时所具有的价值来证明。因此，关于广延性的要领仅能适用于物体的断言，就其本身而论肯定是没有根据的。但是以后我们将会看到，广义相对论绕了一个大弯仍旧证实了笛卡儿的概念。使笛卡儿得出他的十分吸引人的见解的，肯定是这样的感觉，即只要不是万不得已的情况，我们不应该把像空间这一类无法“直接体验”的东西视为具有实在性。

以我们通常的思想习惯为基础来考虑，空间观念或这一观念的必要性的心理起源，远非表面看来那样明显。古代的几何学家所研究的是概念上的东西（点、线、面），并没有像后来解析几何学那样真正研究到空间本身。但是，从某些原始经验中，空间观念仍可以得到一些启示。假定一只造好了的箱子，我们按照某种方法用物体把箱子装满。盛装物体的可能性是“箱子”这个客体的属性，是伴随箱子而产生的，也就是随着被箱子里“被包围着的空间”而产生的。这个“被包围着的空间”因不同的箱子而异，人们很自然地认为这个“被包围着的空间”在任何时刻都不依赖于箱子里面是否有物体存在。当箱子里面没有物体时，那空间看起来似乎是“一无所有”。

到目前为止，我们的空间概念仅局限于这个箱子。但是，箱子空间的容物可能性，与箱壁的厚薄无关。能否把箱壁的厚度缩减为零，而又使这个“空间”不消失呢？这是一种很自然的求极限的方法。这样，我们的意识中就只剩下了没有箱子的空间，一个本身自然存在原空间，虽然，如果我们忘记了这个起源，这个空间似乎还是很不实在。当然，把空间看作是与物质客体无关且可以脱离物质而存在之物，与笛卡儿的论点正好相反（当然这并不妨碍他在解析几何学中把空间处理为一个基本概念）。当人们发现水银气压计中存在的真空时，那些支持笛卡儿的见解肯定是不驳而倒。但是，即使在这初始阶段，空间概念或者空间被看作是独立而实在之物，已有某些不能令人满意之处了。

三维欧几里得几何学的课题，是用什么方法把物体装空间（例如箱子）。它的公理体系很容易使人迷惑，使人忘记它所讨论的问题仍然可以成为现实。

如果上述方式可以形成空间概念，按照“填满”箱子的经验推演下去，那么这个空间根本就是有界的。但是，这种担心看起来并无必要，因为我们总可以用一个较大的箱子把那个较小的箱子装进去。因此，空间又好像是无界的。

在这里，我想讨论一下空间概念在物理学思想发展过程中所起的作用。

当小箱子s在大箱子S的全空空间中处于相对静止的状态时，s的全空空间就是s的全空空间的一部分，而且把s和S的全空空间一起包括进去的那个“空间”，既属于箱子s，也属于箱子S。但是，当s相对于S运动时，这个概念就有点复杂了。人们会认为s总是包围着同一空间，但其所包围的S的一部分空间则是可变的。于是，我们可以认定每一个箱子各有其特别的、无界的空间，并且有必要假定这两个空间彼此做相对运动。

在此之前，空间看来好像是一种无界的媒质或容器，物体在其中游来游去。但是现在我们知道，空间有无限多个，它们彼此作相对运动。“空间是客观存在的，是不依赖于物质的”，这种思想产生于现代科学兴起以前。但是，关于存在着无限多个做相对运动的空间的观念，则是现代科学兴起以后的思想。后一观念在逻辑上无可避免，它甚至在现代科学思想中也远未起过重要作用。

关于时间概念，它是与“回想”相联系的，同时也与感觉经验和对这些经验的回忆这两者之间的辨别相联系。感觉经验与回忆之间的辨别，是否在心理上由我们直接感觉到的呢？这是有疑问的。

每一个人都曾经有过这样的经历：怀疑某件事是通过自己的感官真正经历过的呢，还是只不过是一个梦。在这两种可能性之间进行辨别，大概最初是脑子要整理出次序来的一种活动。

如果一个经验是源于一个“回忆”，那么我们可以认为，这个经验与“此刻的经验”相比是“较早的”。这种用于回忆经验的排列次序的原则，其贯彻的可能性就产生了主观的时间概念，亦即关于个人经验的排列的时间概念。

什么是“使时间概念具有客观意义”？比如，某甲（“我”）有这样的经验，“天空在闪电”。与此同时，某甲还经验到某乙的这样的一种行为，某甲可以把这种行为与他本身关于“天空在闪电”的经验联系起来。这样，某甲认为其他的人也参与了“天空在闪电”的经验。“天空在闪电”不再被解释为一种个人独有的经验，而是解释为他人的经验（或者最终解释为一种“潜在的经验”）。于是就产生了这样的解释：“天空在闪电”本来是进入意识中的一个“经验”，而现在可以解释为一个（客观的）“事件”。当我们谈论“实在的外部世界”时，所指的就是所有事件的总和。

我们必须为经验规定一种时间排列。如果β迟于a，γ又迟于β，则γ也迟于a（“经验的序列”）。对于已经与经验联系起来的“事件”，乍看起来，似乎可以假定事件的时间排列是存在的，这种排列与经验的时间排列是一致的。人们不自觉地做出了这个假定，直到产生疑问为止。为了获得客观世界的概念，还需要有另一个辅助概念：事件不仅确定于时间，也确定于空间。

在此之前，我们曾试图描述空间、时间和事件诸概念，并让它们在心理上与经验联系起来。从逻辑上说，这些概念是人类智力的创造物，是思考的工具，它们能把各个经验联系起来，以便更好地考察。

要认识这些概念的经验起源，就应该明白我们在多大范围内受这些概念的约束。这样，我们所具有的自由就可以认清了，但是要在必要的时间合理地利用这种自由却相当困难。

这里，我们还要对空间、时间、事件诸概念作一些必要的补充。我们曾经利用箱子以及箱子里排列物质客体的事例来联系空间概念与经验。所以，此种概念的形成就已经以物质客体（例如“箱子”）的概念为前提。同样，人在客观的时间概念的形成方面，也起着物质客体的作用。所以，物质客体概念的形成比时空概念更早。

这些概念，与心理学方面的痛苦、目的等一类的概念一样，都成形于现代科学兴起以前。目前，物理思想与整个自然科学思想相同，它们的特点是在原则上力求完全用“类空”概念来说明问题，并借此表述一切具有定律形式的关系。物理学家把颜色和音调归为振动，生理学家设法把思想和痛苦归为神经作用。这样，心理因素就从事件存在的因果关系中消除，从而不管在何种情况下都不构成因果关系中的一个独立环节。如今，“唯物主义”一词就是指的这种观点，它认为完全可以用“类空”概念来理解一切关系。

为什么必须把自然科学思想中的基本观念从柏拉图的奥林巴斯天界（希腊神话传说中，希腊北部的奥林匹斯山是太古时代希腊诸神居住之处，这里指很大的架势而言。）拖下来，并揭发它们的世俗血统呢？答曰：为了使这些观念摆脱与世隔绝的禁令，并能够在构成观念或概念方面获得更多自由。这种想法由休谟和马赫首先提出，他们在这方面功不可没。

科学发展前的空间、时间和物质客体等概念，被科学加以修正，使之更加确切。欧几里得几何学的发展就是这方面的第一个重要成就。我们在看到欧几里得几何学的公理体系的时候，应该看到它的经验起源（把固体展开；或拼凑在一起的可能性）。比如说，三维空间和欧几里得特性都源于经验。

刚性的物体是不存在的，这使得空间概念更加微妙。一切物体都能够做弹性形变，它们的体积随着温度的变化而改变。所以，几何结构的表示必须依赖物理概念。但是由于物理学中一些概念的建立还须借助几何学，因而几何学的经验性内容只能就整个物理学的体制来陈述和检验。

原子论及其对物质的有限的可分割性的概念，是空间概念不能忘却的，因为比原子还小的空间无法量度。原子论还迫使我们在原则上放弃这种观念，即认为可以清楚地和静止地划定固体界面。严格说来，即使在宏观领域中，对于相互接触的固体的可能位形而言，精确的定律也不可能存在。

但是，没有人想放弃空间概念。因为在自然科学的最圆满的整个体系中，空间概念看来是不可或缺的。19世纪，马赫曾经认真地考虑过舍弃空间概念，而代之以所有质点之间的瞬时距离的总和的概念（他是为了试图求得对惯性的满意理解）。

场

在牛顿经典力学中，空间和时间起着双重作用。第一，空间和时间成了所发生的物理事件的载体或框架，事件是由其空间坐标和时间来描述的。原则上，物质被当成是由“质点”所组成，质点的运动构成物理事件。如果我们把物质看作是连续的，在人们不愿意或不能够描述物质的分立结构的情况下，我们只能暂时作这样的假定：物质的微小部分同样可以当作质点来处理，至少我们可以在只考虑运动，而不考虑此刻不可能或者没有必要归之于运动的那些事件（例如温度变化、化学过程）的范围内照这样来处理。第二，空间和时间可以被当作一种“惯性系”。在可以设想的所有参考系中，惯性系的好处是，惯性定律对于惯性系是有效的。

人们设想，在原则上，不依赖于主观认识的“物理实在”是由空时以及与空时作相对运动的永远存在的质点构成。这个关于空时独立存在的观点，可以这样表达，如果物质消失了，空时本身（作为表演物理事件的一种舞台）将依然存在。

这种观点被理论的发展打破了。最初似乎与空时问题毫不相干的这个发展，再现了场的概念，以及最后要用它来取代粒子（质点）观念的趋势。在经典的体制中，由于物质被看作连续体，场只是作为一种辅助性的概念来命名的。固体在热传导时，它的状态是由每一点在每一个确定时刻的温度来描述的。在数学方法上，将温度T表示为温度场，也就是空间坐标的时间t的一个数学表示式（或函数）。热传导定律被表述为一种局部关系（微分方程），热传导的所有特殊情况都包括其中。这里，温度就是场的概念的一个例子。这是一个量（或量的复合），它是坐标和时间的函数。另外，就是对液体运动的描述。在每一个点上，每一时刻都有一个速度，其值即由该速度对于一个坐标系的轴的三个“分量”来加以描述（矢量）。这里，每一个点的速度的各个分量（场分量）也是坐标（x，y，z）和时间（t）的函数。

关于场的特性，它们只存在于有质之中，它们仅仅用来描述这种物质的状态。从场概念的历史发展来看，没有物质的地方就没有场。但是，在19世纪初，人们证明，如果把光看做一种波动场——与弹性固件的机械振动场完全相似，那么光的干涉和运动现象就可以解释了。因此，人们就感到有必要引进一种这样的场：在没有有质物质的情况下也能存在于“一无所有的空间”。

这就导致了一个自相矛盾的状况。因为，按照起源，场概念似乎仅限于描述有质体内部的状态。由于人们确信，每一种场都应看作是一种状态，它们能够给予力学解释，并且是以物质的存在为前提的，因为“场概念只应限于描述有质体内部的状态”的观点就更加确切了。因此人们必须拟定，在一向被认为是一无所有的空间中也存在着某种形式的物质，这种物质即是“以太”。

从场必须有一个机械载体与之相联系的假定中，把场概念解放出来，这是物理思想发展史上在心理方面最令人感兴趣的事件之一。19世纪下半叶，法拉第和麦克斯韦的研究成果越来越清楚地告诉我们，用场描述电磁过程大大胜过了以质点的力学概念为基础的处理方法。由于在电动力学中引进场的概念，麦克斯韦成功地预言了电磁波的存在；由于电磁波与光波在传播时速度相等，我们则不可怀疑它们在本质上的同一性了。因此在原则上，光学成为电动力学的一部分，这个巨大成就产生了一个心理效应：与经典物理学的机械唯物论体制相对立的场概念取得了更大的独立性。

但是最初，人们理所当然地把电磁场解释为以太的状态，并且设法渲染这种状态解释的机械性。这种努力总是失败，于是，科学界逐渐放弃了此种机械解释。然而，在19世纪和20世纪之交，人们仍然确信电磁场必然是以太的状态。

以太学说带来了一个问题：相对于有质体，怎样用力学观点来看待以太的行为？以太参与物体的运动呢，还是相对地保持静止状态？为了解决这个问题，人们做过许多实验，这里应注意两个重要事实：由于地球周年运动而产生的恒星的“光行差”和“多普勒效应”（即恒星相对运动对其发射到地球上的光的频率上的影响）。对于所有这些事实和实验结果，除了迈克尔逊—莫雷实验以外，洛伦兹也做出了解释。他的假定是：以太不参与有质体的运动，它各个部分相互之间完全没有相对运动。这样，以太看来似乎就体现一个绝对静止的空间。但是洛伦兹的研究还取得了更多成就，他解释了在有质体内部发生的所有电磁和光学过程。因为他假定，有质物质与电场之间的相互影响，完全是因为物质的组成粒子带有电荷，这些电荷也参与了粒子的运动。洛伦兹论证、迈克尔逊—莫雷实验所得出的结果，与以太处于静止状态的学说并不矛盾。

但是，以太学说仍然不能完全令人满意，理由是：经典力学告诉人们，一切惯性系或惯“空间”等效于自然律的表达方式；从一惯性系过渡到另一惯性系，自然律不变。电磁学和光学实验也可以告诉我们同样的事实。但是，电磁理论基础却要求我们，必须选取一个特别的惯性系，这个惯性系就是静止的光以太。这一观点实在非常不能令人满意，难道不会有像经典力学支持惯性系的等效性（狭义相对性原理）那样的修正理论么？

狭义相对论解答了这个问题。狭义相对论采用了麦克斯韦—洛伦兹理论中关于在真空中光速恒定的假定。要使这个假定与惯性系的等效性（狭义相对性原理）相一致，必须放弃“同时性”带有绝对性的观念。此外，对于从一个惯性系过渡到另一个惯性系，必须引用时间和空间坐标的洛伦兹变换。下述公设包括了狭义相对论的全部内容：自然界定律对于洛伦兹变换是不变的。此公设的重要实质在于，它用一种确定的方式限定了所有的自然律。

狭义相对论如何看待空间问题？首先我们注意，实在世界的四维性并非狭义相对论第一次提出。早在经典物理学中，事件就是由四个数来确定，即三个空间坐标和一个时间坐标。因此，全部物理“事件”都可以认为是寓存于一个四维连续流形之中。但是，经典力学告诉我们，这个四维连续区被客观地分割为一维的时间和三维的空间两部分，而只有三维空间才存在着同时的事件。一切惯性系都可以如此分割。两个真实的事件相对于一个惯性系的同时性，同时含有这两个事件相对于一切惯性系的同时性。我们说经典力学的时间的绝对性即为此意。对此，狭义相对论的看法不同。所有与一个选定的事件同时的诸事件，就一个特定的惯性系而言确实是存在的，但是这不再能说成为与惯性系的选择无关的了。于是，四维连续区再也不能客观地分割为两个部分，整个连续区包含了所有同时事件。所以，“此刻”对于具有空间广延性的世界失去了其客观意义。如果是这样，要表示客观关系的意义而不带有因袭的任意性的话，那么，空间和时间必须看做一个四维连续区，它们在客观上不可分割。

狭义相对论揭示了一切惯性系的物理等效性，证明了关于静止的以太的假设是不成立的，因此必须放弃一种观点——将电磁场看做物质载体的一种状态。这样，在物理描述中，场就成为不能再加分解的基本概念，正如在牛顿的理论中物质概念不能再加分解一样。

现在我们来看，狭义相对论从经典力学吸取了哪些基本观念。在狭义相对论中，自然律要想有效，须引用惯性系作为空时描述的基础。惯性原理和光速恒定原理只有在一个惯性系中才有效。只有在惯性系中，场定律也才能说是有意义和有效的。因此，与在经典力学中一样，狭义相对论中，空间也是表述物理实在的一个独立部分。即使我们把物质和场移走，惯性空间依然存在。这个四维结构（即闵可夫斯基空间）被当做物质和场的载体。各惯性空间连同时间，只是一种特殊的四维坐标系，它们由线性洛伦兹变换联系起来。这个四维结构中并不存在客观地代表“此刻”的部分内容，因此，事物发生和生成的概念并非用不着了，而是更复杂了。因此，将物理实在看做一个四维存在，而不是像以前那样，只看做一个三维存在，似乎更加自然些。

狭义相对论的这个刚性四维空间，与洛伦兹的刚性三维以太有些类似。关于狭义相对论的下列陈述也是合适的：物理状态的描述假设了空间是原先给定的，并且独立存在。因此，连狭义相对论也没有消除笛卡儿的怀疑：“空虚空间”是独立存在的还是先验存在的？这里讨论的真正目的就是要说明，广义相对论在多大的程度上解决了这些疑问。

广义相对论的空间概念

广义相对论的起因，是力图了解惯性质量和引力质量的同等性。比如，在惯性系S_1中，它的空间从物理的观点看来是空虚的。在这部分空间中，既没有通常意义上的物质，也没有狭义相对论的意义上的场。设有另一参考系S_2相对于S_1作匀加速运动。这时，S_2就不是一个惯性系。对于S_2来说，每一个试验物的运动都有一个加速度，它与试验物的物理、化学性质无关。因此，相对于S_2，就第一级近似而言，存在着一种状态，它与引力场无法区分。所以，S_2也可以相当于一个“惯性系”；不过相对于S_2又另存在一个引力场。因此，如果讨论的体系中包括了引力场，惯性系就失去了它本身的客观意义。如果在它们的基础上建立起一个合理的理论，那么这个理论本身将满足惯性质量与引力质量相等的事实，而这个事实已被经验充分证实。

从四维的观点来看，四个坐标的一种非线性变换与从S_1到S_2的过渡相对应。这里的问题是：哪一种非线性变换是可能的，或者，洛伦兹变换如何推广？下述说法对于回答这个问题具有重要意义。

设先前理论中的惯性系具有如下性质：坐标差由固定不移的“刚性”量杆测量，时间差由静止的钟测量。对第一个假定还须以另一个假定作补充，即对于静止的量杆的相对展开和并接而言，欧几里得几何学中有关“长度”的诸定理是成立的。这样，我们可以从狭义相对论的结果结论如下：对于相对于惯性系（S_1）作加速运动的参考系（S_2）而言，对坐标不再可能作此种直接的物理解释了，现在，坐标也就只能表示空间的维级，一点也不能表示空间的度规性质。于是就有了从已有的变换推广到任意连续变换的可能性。在这里，广义相对性原理的含义是：自然律对于任意连续的坐标变换必须是协变的。这个要求相比狭义相对性原理而言，更有力地限制了一切自然律。

这一系列观念的基础之一是，以场作为一个独立的概念。因为，对于S_2有效的情况被解释为一种引力场，而并不关心其是否存在着产生这个引力场的质量。借助这些观念还可以明白，与一般的场定律相比，纯引力场定律与广义相对论的联系更为直接。也就是说，我们可以假定，“没有场”的闵可夫斯基空间表示自然律中可能有一种最简单的特殊情况。

这点也可以借助于洛伦兹变换来予以证明。

现在我们就来考察，从空间概念过渡到广义相对论，要作多大的修改。经典力学和狭义相对论告诉我们，空间的存在不依赖于物质或场。如要描述充满空间并依赖于坐标之物，必须首先设想空时或惯性系连同其度规性质已经存在，否则，对于“充满空间之物”的描述就没有意义。而根据广义相对论，与依赖于坐标的“充满空间之物”相对立的空间，不能脱离此种“充满空间之物”而独立存在。这样，一个纯引力场就可以用从解引力方程而得到的坐标函数来描述。如果我们将引力场亦即诸函数除去，剩下的就只能是绝对的一无所有，而且也不是“拓扑空间”。因为诸函数在描述场的同时，也描述这个流形的拓扑和度规结构性质。由广义相对论的观点判断，上述空间并不是一个没有场的空间，一无所有的空间。一无所有的空间，亦即没有场的空间是不存在的。空时不能独立存在，只能作为场的结构性质而存在。

因此，笛卡儿认为，“一无所有的空间并不存在”的见解与真理相去不远。如果仅从有质物体来理解物理实在，那么上述观念看来的确荒谬。“将场看做物理实在的表象”的这种观念，再把广义相对性原理结合起来，才能证明笛卡儿观念的真义：“没有场”的空间是不存在的。

广义的引力论

根据以上所述，获得以广义相对论为基础的纯引力场论已经不难。因为我们确信，“没有场”的闵可夫斯基空间度规一定会满足场的普遍规律。而从这个特殊情况出发，我们可以导出引力定律，并且在此过程中可以避免任意性。对于理论上进一步的发展，广义相对性原理并没有作出明确的决定。在过去几十年中，人们曾经朝着各个不同方向进行探索。他们的共同点是将物理实在看成一个场，而且是作为由引力场推广出来的一个场，因而其场定律是纯引力场定律的一种推广。对于这一推广，我们现在已经找到了最自然的形式，但是还不能确定这个推广的定律能否经得起事实的考验。

在前面的论述中，场定律的个别形式问题还是次要的。现在的问题是，这里所核聚变中的原子和设想的这种场论究竟能否达到其本身的目标。也就是说，这样的场论能否用场来透彻地描述物理实在，包括四维空间在内。对这个问题，当前的物理学家倾向于作否定的回答。根据量子论，他们还认为，一个体系的状态是不能直接规定的，只能对从该体系中所能获得的测量结果给予统计学的陈述而作间接的规定。大家的看法是，只有物理实在的概念削弱之后，才能体现已由实验证实了的自然界的二重性（粒子性和波性）。我认为，我们现有的知识还不能允许作出如此深远的理论否定，不过在相对论性场论的道路上，我们不应半途而废。

附录四　爱因斯坦年表

1879年（0岁）	3月14日上午11时30分，爱因斯坦出生在德国乌尔姆市班霍夫街135号。父母都是犹太人。父名赫尔曼·爱因斯坦，母亲波林·科克。
1880年（1岁）	爱因斯坦一家迁居慕尼黑。父同其弟雅各布合办一电器设备小工厂。
1881年（2岁）	11月18日，爱因斯坦的妹妹玛雅出世。
1884年（5岁）	爱因斯坦对袖珍罗盘着迷。进天主教小学读书。
1885年（6岁）	爱因斯坦开始学小提琴。
1886年（7岁）	爱因斯坦在慕尼黑公立学校读书。为了遵守宗教指示的法定要求，在家里学习犹太教的教规。
1888年（9岁）	爱因斯坦人路易波尔德高级中学学习。在学校继续受宗教教育，直到准备接受受戒仪式。弗里德曼是指导老师。
1889年（10岁）	在医科大学生塔尔梅引导下，读通俗科学读物和哲学著作。

1890年（11岁）	爱因斯坦的宗教时间，持续约一年。
1891年（12岁）	自学欧几里得几何，对此狂热。开始自学高等数学。
1892年（13岁）	开始读康德著作。
1894年（15岁）	全家迁往意大利米兰。
1895年（16岁）	自学完微积分。中学没毕业就到意大利与家人团聚。放弃德国国籍。投考苏黎世瑞士联邦工业大学，未录取。 10月，转学到瑞士阿劳州立中学。 写了第一篇科学论文。
1896年（17岁）	获阿劳中学毕业证书。 10月，进苏黎世联邦工业大学师范系学习物理。
1897年（18岁）	在苏黎世结识贝索，与其终身友谊从此开始。
1899年（20岁）	10月19日，正式申请瑞士公民权。
1900年（21岁）	8月，毕业于苏黎世联邦工业大学。 12月，完成论文《由毛细管现象得到的推论》，次年发表在莱比锡《物理学杂志》上。
1901年（22岁）	3月21日，取得瑞士国籍。 3月，去米兰找工作，无结果。 5月，回瑞士，任温特图尔中学技术学校代课教师。 5～7月，完成电势差的热力学理论的论文。 10月，到夏夫豪森任家庭教师。三个月后又失业。 12月，申请去伯尔尼瑞士专利局工作。
1902年（23岁）	2月，到伯尔尼等待工作。和索洛文、哈比希特创建“奥林匹亚科学院”。 6月，受聘为伯尔尼瑞士专利局的试用三级技术员。 6月，完成第三篇论文《关于热平衡和热力学第二定律的运动论》，提出热力学的统计理论。 10月，父病故。

1903年（24岁）	1月，与米列娃结婚。
1904年（25岁）	5月，长子汉斯出生。 9月，由专利局的试用人员转为正式三级技术员。
1905年（26岁）	3月，写的论文《关于光的产生和转化的一个推测性的观点》，提出光量子假说，并因此而获得1921年的诺贝尔物理学奖。 4月，向苏黎世大学提交论文《分子大小的新测定法》，取得博士学位。 5月，完成论文《论动体的电动力学》，独立而完整地提出狭义相对性原理，开创物理学的新纪元。
	9月，写了一篇短文《物体的惯性与能量是否相关》，揭示质能相当关系：$E=mc^2$。 12月，完成论文《热的分子运动论所要求的静止液体中悬浮小粒子的运动》（即“布朗运动”）。
1906年（27岁）	4月，晋升为专利局二级技术员。 11月，完成固体比热的论文，这是关于固体的量子论的第一篇论文。
1907年（28岁）	开始研究引力场理论，在论文《关于相对性原理和由此得出的结论》中提出均匀引力场同均匀加速度的等效原理。 6月，申请兼任白尔尼大学的编外讲师。
1908年（29岁）	10月，兼任白尔尼大学编外讲师。
1909年（30岁）	3月和10月，完成两篇论文，每一篇都含有对于黑体辐射论的推测。 7月，接受日内瓦大学名誉博士。 9月，参加萨尔斯堡德国自然科学家协会第81次大会，会见普朗克等，作了《我们关于辐射的本质和结论的观点的发展》报告。

1909年（30岁）	10月，离开伯尔尼专利局，任苏黎世大学理论物理学副教授。
1910年（31岁）	7月，次子爱德华出生。 10月，完成关于临界乳光的论文。
1911年（32岁）	2月，应洛伦兹邀请访问莱顿。 3月，任布拉格德国大学理论物理学教授。 10月，去布鲁塞尔出席第一次索尔维会议。
1912年（33岁）	2月，埃伦费斯特来访，两人由此结成莫逆之交。 10月回瑞士，任母校苏黎世联邦工业大学理论物理学教授。 提出光化当量定律。 开始同格罗斯曼合作探索广义相对论。
1913年（34岁）	7月，普朗克和能斯特来访，聘请他为柏林威廉皇家物理研究所所长兼柏林大学教授。 12月7日，在柏林接受院士职务。 发表同格罗斯曼合著的论文《广义相对论纲要和引力理论》，提出引力的度规场理论。
1914年（35岁）	4月6日，从苏黎世迁居到柏林。 7月2日，在普鲁士科学院作就职演说。 10月，反对德国文化界名流为战争辩护的宣言《告文明世界书》，在同它针锋相对的《告欧洲人书》上签名。 11月，参加组织反战团体“新祖国同盟”。
1915年（36岁）	同德哈斯共同发现转动磁陛效应。 3月，写信给罗曼·罗兰，支持他的反战活动。 6～7月，在阿根廷作了六次关于广义相对论的学术报告。 11月提出广义相对论引力方程的完整形式，并且成功地解释了水星近日点运动。

1916年（37岁）	3月，完成总绪性论文《广义相对论的基础》。 3月，发表悼念马赫的文章。 5月，提出宇宙空间有限无界的假说。 8月，完成《关于辐射的量子理论》，总结量子论的发展，提出受激辐射理论。 首次进行关于引力波的探讨。 写作《狭义和广义相对论浅说》。
1917年（38岁）	2月，著述第一篇关于宇宙学的论文，引入宇宙项。接连息肝病、胃溃疡、黄疸病和一般虚弱症，受堂姐艾尔莎照顾。
1918年（39岁）	2月，爱因斯坦发表关于引力波的第二篇论文，包括四级公式。1919年（40岁） 1～3月，在苏黎世讲学。 2月，同米列娃离婚。 6月，与艾尔莎结婚。 9月，获悉英国天文学家观察日食的结果，11月6日消息公布后，全世界为之轰动。由此，爱因斯坦的理论被视为“人类思想史中最伟大的成就之一”。 12月，接受德国唯一的名誉学位：罗斯托克大学的医学博士学位。
1920年（41岁）	3月，母亲患癌症去世。 夏访问斯堪的那维亚。 8～9月，德国出现反相对论的逆流，爱因斯坦遭到恶毒攻击，他起而公开应战。 10月，接受兼任莱顿大学特邀教授名义，发表《以太和相对论》的演讲。
1921年（42岁）	1月，访问布拉格和维也纳。 1月27日，在普鲁士科学院作《几何学和经验》的报告。

1921年（42岁）	2月，去阿姆斯特丹参加国际工联会议。 4月2日～5月30日，为了给耶路撒冷的希伯来大学的创建筹集资金，同魏茨曼一起首次访问美国。在哥伦比亚大学获巴纳德勋章。在白宫受哈丁总统接见。在访问芝加哥、波士顿和普林斯顿期间，就相对论进行了四次讲学。 6月，访问英国，拜谒了牛顿墓地。
1922年（43岁）	1月，完成关于统一场论的第一篇论文。 3～4月，访问法国，努力促使法德关系正常化。发表批判马赫哲学的谈话。 5月，参加国际联盟知识界合作委员会。 7月，受到被谋杀的威胁，暂离柏林。 10月8日，爱因斯坦和艾尔莎在马赛乘轮船赴日本。沿途访问科伦坡、新加坡、中国香港和上海。 11月9日，在去日本途中，爱因斯坦被授予1921年诺贝尔物理学奖。 11月17日～12月29日，访问日本。
1923年（44岁）	2月2日，从日本返回途中，到巴勒斯坦访问，逗留12天。 2月8日，成为特拉维夫市的第一个名誉公民。从巴勒斯坦返回德国途中，访问了西班牙。 3月,爱因斯坦对国联的能力大失所望,向国联提出辞职。 6～7月，帮助创建“新俄朋友协会”，并成为其执行委员会委员。 7月，到哥德堡接受1921年度诺贝尔奖，并讲演相对论，作为对得到诺贝尔奖的感谢。发现了康普顿效应，解决了光子概念中长期存在的矛盾。 12月，第一次推测量子效应可能来自过度约束的广义相对论场方程。

1924年（45岁）	6月，重新考虑加入国联。 12月，取得最后一个重大发现，从统计涨落的分析中得出一个波和物质缔合的独立的论证。此时，还发现了波色爱冈斯坦凝聚。
1925年（46岁）	受聘为德苏合作团体“东方文化技术协会”理事。 5~6月，去南美洲访问。 与甘地和其他人一道，在拒绝服兵役的声明上签字。接受科普列奖章。 为希伯来大学的董事会工作。 发表《非欧几里得几何和物理学》。
1926年（47岁）	春，同海森伯讨论关于量子力学的哲学问题。 接受“皇家天文学家”的金质奖章。 接受为苏联科学院院士。
1927年（48岁）	2月，在巴比塞起草的反法西斯宣言上签名。 参加国际反帝大同盟，被选为名誉主席。 10月，参加第五届布鲁塞尔索尔维物理讨论会，开始同哥本哈根学派就量子力学的解释问题进行激烈论战。 发表《牛顿力学及其对理论物理学发展的影响》。
1928年（49岁）	1月，被选为“德国人权同盟”（前身为德国“新祖国同盟”）理事。 春，由于身体过度劳累，健康欠佳，到瑞士达伏斯疗养，并为疗养青年讲学。发表《物理学的基本概念至其最近的变化》。 4月，海伦·杜卡斯开始到爱因斯坦家担任终身的私人秘书。

1929年（50岁）	2月，发表《统一场论》。 3月，50岁生日，躲到郊外以避免生日庆祝会。第一次访问比利时皇室，与伊丽莎白女皇结下友谊，直到去世之前一直与比利时女皇通信。 6月28日，获普朗克奖章。 9月以后，同法国数学家阿达马进行关于战争与和平问题的争论，坚持无条件地反对一切战争。
1930年（51岁）	不满国际联盟在改善国际关系上的无所作为，提出辞职。5月，在“国际妇女和平与自由同盟”的世界裁军声明上签字。 7月同泰戈尔争论真理的客观性问题。 12月11日至次年3月4日，爱因斯坦第二次到美国访问，主要在加利福尼亚州理工学院讲学。 12月13日，沃克市长向爱因斯坦赠送纽约市的金钥匙。 12月19、20日，访问古巴。 发表《我的世界观》、《宗教和科学》等文章。
1931年（52岁）	3月，从美国回柏林。 5月，访问英国，在牛津讲学。 11月，号召各国对日本经济封锁，以制止其对中国的军事侵略。 12月，再度去加利福尼亚讲学。 为参加1932年国际裁军会议，特地发表了一系列文章和演讲。 发表《麦克斯韦对物理实在观念发展的影响》。

1932年（53岁）	2月，对于德国和平主义者奥西茨基被定为叛国罪，在帕莎第纳提出抗议。 3月，从美国回柏林。 5月，去剑桥和牛津讲学，后赶到日内瓦列席裁军会议，感到极端失望。 6月，同墨菲作关于因果性问题的谈话。 7月,同弗洛伊德通信,讨论战争的心理问题。 号召德国人民起来保卫魏玛共和国,全力反对法西斯。 12月10日，和妻子离开德国去美国。原来打算访问美国，然而，他们从此再也没有踏上德国的领土。
1933年（54岁）	1月30日，纳粹上台。 3月10日，在帕莎第纳发表不回德国的声明，次日启程回欧洲。 3月20日，纳粹搜查他的房屋，他发表抗议。后他在德国的财产被没收，著作被焚。 3月28日,从美国到达比利时,避居海边农村。 4月21日，宣布辞去普鲁士科学院职务。 5月26日，给劳厄的信中指出科学家对重大政治问题不应当默不作声。 6月，到牛津讲学后即回比利时。 7月，改变绝对和平主义态度，号召各国青年武装起来准备同纳粹德国作殊死斗争。
	9月初，纳粹以两万马克悬赏杀死他。 9月9日,渡海前往英国,永远离开欧洲大陆。 10月3日,在伦敦发表演讲《文明和科学》。 10月10日，离开英国，10月17到达美国，定居于普林斯顿，应聘为高等学术研究院教授。
1934年（55岁）	文集《我的世界观》由其继女婿鲁道夫·凯泽尔编辑出版。

1935年（56岁）	5月，到百慕大作短期旅行。在百慕大正式申请永远在美国居住。这也是他最后一次离开美国。 获富兰克林奖章。 同波多耳斯基和罗森合作，发表向哥本哈根学派挑战的论文，宣称量子力学对实在的描述是不完备的。 为使诺贝尔奖奖金（和平奖）赠予关在纳粹集中营中的奥西茨基而奔走。
1936年（57岁）	开始同英费尔德和霍夫曼合作研究广义相对论的运动问题。 12月20日，妻艾尔莎病故。 发表《物理学和实在》、《论教育》。
1937年（58岁）	3～9月，参加由英费尔德执笔的通俗册子《物理学的进化》的编写工作。 3月声援中国“七君子”。 6月，同英费尔德和霍夫曼合作完成论文《引力方程和运动问题》，从广义相对论的场方程推导出运动方程。
1938年（59岁）	同柏格曼合写论文《卡鲁查电学理论的推广》。 9月，给5000年后的子孙写信，对资本主义社会现状表示不满。
1939年（60岁）	8月2日，在西拉德推动下，上书罗斯福总统，建议美国抓紧原子能研究，防止德国抢先掌握原子弹。 妹妹玛雅从欧洲来美，在爱因斯坦家长期住下来。
1940年（61岁）	5月15日，发表《关于理论物理学基础的考查》。 5月22日，致电罗斯福，反对美国的中立政策。 10月1日取得美国国籍。
1941年（62岁）	发表《科学和宗教》等文章。

1942年（63岁）	10月，在犹太人援苏集会上热烈赞扬苏联各方面的成就。
1943年（64岁）	5月，作为科学顾问参与美国海军部工作。
1944年（65岁）	为支持反法西斯战争，以600万美元拍卖1905年狭义相对论论文手稿。发表对罗素的认识论的评论。 12月，同斯特恩、玻尔讨论原子武器和战后和平问题，听从玻尔劝告，暂时保持沉默。
1945年（66岁）	3月，同西拉德讨论原子军备的危险性，写信介绍西拉德去见罗斯福，未果。 4月，从高等学术研究院退休（事实上依然继续照常工作）。 9月以后连续发表一系列关于原子战争和世界政府的言论。
1946年（67岁）	5月，发起组织“原子能科学家非常委员会”，担任主席。5月，接受黑人林肯大学名誉博士学位。写长篇《自述》，回顾一生在科学上探索的道路。 5月，妹妹玛雅因中风而瘫痪，以后每夜念书给她听。 10月，给联合国大会写公开信，敦促建立世界政府。
1947年（68岁）	继续发表大量关于世界政府的言论。 9月，发表公开信，建议把联合国改组为世界政府。
1948年（69岁）	4～6月，同天文学家夏普林利合作，全力反对美国准备对苏联进行“预防性战争”。 抗议美国进行普遍军事训练。 发表《量子力学和实在》。 前妻米列娃在苏黎世病故。 12月，作剖腹手术，在腹部主动脉里发现一个大动脉瘤。

1949年（70岁）	1月13日，爱因斯坦出院。 1月，写《对批评的回答》，对哥本哈根学派在文集《阿尔伯特·爱因斯坦：哲学家—科学家》中的批判进行反批判。 5月，发表《为什么要社会主义》。 11月，“原子能科学家非常委员会”停止活动。
1950年（71岁）	2月13日，发表电视演讲，反对美国制造氢弹。 4月，发表《关于广义引力论》。 文集《晚年集》出版。 3月18日，在遗嘱上签字盖章。内森博士被指名为唯一的遗嘱执行人。遗产由内森博士和杜卡斯共同托管。信件和手稿的最终贮藏所是希伯来大学。其他条款当中还有：小提琴赠给孙子伯恩哈德·恺撒。
1951年（72岁）	连续发表文章和信件，指出美国的扩军备战政策是世界和平的严重障碍。 6月，妹妹玛雅在长期瘫痪后去世。 9月，“原子能科学家非常委员会”解散。
1952年（73岁）	发表《相对论和空间问题》、《关于一些基本概论的绪论》。11月以色列第一任总统魏斯曼死后，拒绝以色列政府请他担任第二任总统。
1953年（74岁）	4月3日，给伯尔尼时代的旧友写《奥林匹亚科学院颂词》，缅怀青年时代的生活。 5月16日，给受迫害的教师弗劳恩格拉斯写回信，号召美国知识分子起来坚决抵抗法西斯迫害，引起巨大反响。为纪念玻恩退休，发表关于量子力学解释的论文，由此引起两人之间的激烈争论。 发表《〈空间概念〉序》。

1954年（75岁）	3月，75岁生日，通过“争取公民自由非常委员会”，号召美国人民起来同法西斯势力做斗争。 3月,被美国参议员麦卡锡公开斥责为“美国的敌人”。 5月,发表声明,抗议对奥本海默的政治迫害。 秋，因患溶血性贫血症卧床数日。 11月18日,在《记者》杂志上发表声明,不愿在美国做科学家,而宁愿做一个工匠或小贩。 完成《非对称的相对论性理论》。
1955年（76岁）	2~4月，同罗素通信讨论和平宣言问题，4月11日在宣言上签名。 3月，写《自述片断》，回忆青年时代的学习和科学探索的道路。 3月15日，挚友贝索逝世。 4月3日，同科恩谈论关于科学史等问题。 4月5日，驳斥美国法西斯分子给他扣上“颠覆分子”帽子。 4月13日在草拟一篇电视讲话稿时发生严重腹痛，后诊断为动脉出血。 4月15日，进普林斯顿医院。 4月18日l时25分，在医院逝世。当日16时遗体在特伦顿火化。遵照其遗嘱，骨灰被秘密保存，不发讣告，不举行公开葬仪，不做坟墓，不立纪念碑。